U0384360

唐丽娟，博士，副教授，任教于西南交通大学人文学院，从事交叉学科研究。主持四川省人文社科、四川省社会科学重点研究基地项目等10余项。发表学术论文20余篇，出版专著3部、教材1部。多次获得省级奖项。曾作为代表出访荷兰、法国、比利时进行文化艺术交流，先后前往北京大学、美国乔治梅森大学（GMU）进行学术访问。

赵毅，西南交通大学工学博士，讲师，西南交通大学党委办公室副主任。从事高校教学管理相关工作17年，多次荣获优秀共产党员、优秀工作者、学位与研究生教育先进个人称号。研究方向为交通工具装备设计、设计中的人因评估。发表高水平国内外论文10余篇，其中SCI/SSCI收录论文4篇、EI收录论文3篇，出版专著1部。主研多项省社科、国家重点项目子课题，参研国家自然科学基金、教育部社科项目、国家重点研发计划等多项国家级研究课题。

金玉卓，中共党员，西南交通大学博士，研究方向为汉语方言学与音韵学。在《文献语言学》《河南理工大学学报》等发表学术论文10余篇，参与修订《雅安市志》（《语音》部分）、《汉语大词典》第十九册（贝部），参著《中国地方志方言资料总目》（江苏省）。主持四川省教育厅项目1项，参与国家社科基金重大项目1项、省级项目3项。获国家奖学金1次、一等学业奖学金3次，获评四川省语言学会硕博论坛优秀论文1次、四川省语言学会年度优秀学术成果三等奖2次。

徐彩玲，西南交通大学人文学院在读博士，楚雄师范学院人文学院讲师。从事高校教学管理工作15年，主要研究领域为文献语言学、汉语言文字学、应用语言学等。发表国内外论文10余篇，出版专著1部，主持厅级项目2项。

霓裳「语」衣：

中国服饰及体态表达

唐丽娟　赵　毅
金玉卓　徐彩玲／主编

四川大学出版社
SICHUAN UNIVERSITY PRESS

图书在版编目（CIP）数据

霓裳"语"衣：中国服饰及体态表达 / 唐丽娟等主编. -- 成都：四川大学出版社，2024.11. -- ISBN 978-7-5690-7360-7

Ⅰ. TS941.12

中国国家版本馆 CIP 数据核字第 20248XA211 号

书　　名：霓裳"语"衣：中国服饰及体态表达
　　　　　Nichang "Yu" Yi: Zhongguo Fushi ji Titai Biaoda
主　　编：唐丽娟　赵　毅　金玉卓　徐彩玲

选题策划：蒋　玙　吴连英
责任编辑：吴连英
责任校对：孙明丽
装帧设计：墨创文化
责任印制：李金兰

出版发行：四川大学出版社有限责任公司
　　　　　地址：成都市一环路南一段 24 号（610065）
　　　　　电话：（028）85408311（发行部）、85400276（总编室）
　　　　　电子邮箱：scupress@vip.163.com
　　　　　网址：https://press.scu.edu.cn
印前制作：四川胜翔数码印务设计有限公司
印刷装订：成都市火炬印务有限公司

成品尺寸：170 mm×240 mm
印　　张：16
插　　页：2
字　　数：216 千字

版　　次：2024 年 11 月　第 1 版
印　　次：2024 年 11 月　第 1 次印刷
定　　价：78.00 元

本社图书如有印装质量问题，请联系发行部调换

扫码获取数字资源

四川大学出版社
微信公众号

前言

服饰不仅是人民生活的必需品，有"避寒暑，蔽形体，遮羞耻"的实用功能，也是古代文化的重要载体，有"分尊卑，别贵贱，辨亲疏"的文化功能，还是民族特色、文化修养的体现。中国自古以衣冠王国、礼仪之邦著称。服饰不仅反映了历史进程中不同阶段审美的特点，更是中华文明脉络和中华礼仪的重要表征之一。不同时代的服装的面料织物、纹样图案都与时代发展、文明传承息息相关。数千年来，中华服饰文化发展历程不仅折射出古代物质文明与精神文明的发展轨迹，也勾勒出中华民族延绵不绝的生活画卷，是中华优秀传统文化的代表，可谓源远流长。

习近平总书记强调："中华优秀传统文化是中华民族的精神命脉，是涵养社会主义核心价值观的重要源泉，也是我们在世界文化激荡中站稳脚跟的坚实根基。"① 中国传统服饰既是王朝礼法和社会身份的制度表征，具象呈现了中国古代的社会政治结构、经济发展和文化价值取向，又与纺织、染色、刺绣等工艺技术密切相关，集中体现了中国人民的勤劳智慧和蓬勃创造力，更是民族融合、文化交流的生动写照，历次服饰变革都凝结着民族大融合中不同文化交流借鉴的结果。

服饰是一种"无声的语言"，它不仅反映了穿着者的性别、种

---

① 习近平：《在文艺工作座谈会上的谈话》，人民出版社 2015 年版，第 25 页。

1

族、群体、身份及审美，特定场合穿着的服饰还表达着人们某种价值取向和观念。一般而言，服饰不仅是一种自我的表达，更是社会规约的体现。在它背后，是整个社会的道德伦理价值和权力结构的安排。服饰是一种重要的文化现象，它与人本身的气质、体态语言共同组合成一个人的完整礼仪形象。可以说，服饰所能传达的情感与意蕴甚至不是语言所能替代的。不论在哪个朝代，无论在哪种场合，穿着得体、体态适度的人，总会给人留下良好的印象；而穿着不当、体态不雅，则会损害自身的形象。适当的体态和得体的服饰相得益彰，让人眼前一亮。

端庄典雅群芳拜，四海倾心绝色淳。华服霓裳生妙舞，犹如仙子入凡尘。本书从中国服饰的历史入手，围绕不同朝代的服饰发展、服饰文化、服饰体态表达进行阐释，旨在让读者尤其是当代青年了解中国服饰文化，感受华服魅力，增强民族自信心和自豪感，进一步传播中华优秀传统文化，向世界展示中国华服之美。此外，本书出版受西南交通大学研究生教材经费建设项目专项资助（项目编号：SWJTU-JC2024-048）。

由于视角不同，可能会有不同的看法。我们期望此书能起到抛砖引玉之效，引起更多人对这一主题的思考和研究，并感谢您的批评指正。我们将以此为契机，努力改进和完善。

目录

第一章　中国服饰的历史与发展

【学习目标】

了解中国服饰变迁，感受中国服饰魅力，传承中国服饰文化，弘扬美丽中华。

【学习任务】

简要绘制一幅中国服饰图（朝代、风格不限，特色明显）。

《左传·定公十年》有言："中国有礼仪之大，故称夏；有服章之美，谓之华。"华夏五千年积淀的礼制与文明，在古代服饰文化上有生动的体现。衣食住行，"衣"排在首位，不仅有实用功能，亦有文化内涵。服饰既是具有御寒、遮体等实用功能的人类生活要素，也是满足人们审美情趣、体现思想观念、记录历史和生活、反映民俗风情和社会制度的文化载体。几千年来，中华儿女以自己的智慧和技艺，在生产实践和社会生活中创造了辉煌灿烂的服饰文化。作为我国古代人民的智慧结晶，中国传统服饰的发展演变折射出政治变革、经济变化和风尚变迁。

中国传统服饰是指在中国历史长河中，由汉族以及中国境内的各个少数民族共同创造、传承并发展出来的，具有浓厚中国文化特色和历史底蕴的服饰。这些服饰不仅体现了中国各个时代的审美观念、工艺水平和文化传统，还反映了中国社会的变迁和民族融合的过程。中国传统服饰种类繁多，形态各异，从古代的宋服、明服到清代的旗袍、马褂等，再到各少数民族的服饰，如苗族的苗服、藏族的藏袍、蒙古族的蒙古袍等，都展现了中国传统服饰的丰富多样性和独特魅力。这些服饰不仅具有实用性，还承载了深厚的文化内涵和象征意义，成为中国传统文化的重要组成部分。同时，中国传统服饰也体现了中国人民对美的追求和对传统文化的热爱。在现代社会，虽然人们的穿着习惯已经发生了很大的变化，但中国传统服饰仍然在某些场合和活动中得到广泛的传承和应用，成为展示中国传统文化和民族风情的重要载体。

中国传统服饰中的汉民族服饰发挥着举足轻重的作用，其也称"汉服""汉衣冠""汉装"等，这些称谓在古代典籍中早已出现。"黄帝垂衣裳而天下治"，也就是说汉服的雏形始于黄帝时期。此后从夏商周时期，到魏晋南北朝，再到后来的清朝，每个朝代的汉服都有各自的特点。比如秦汉时期的"深衣"，上为衣下为裳，既合二为一，又保持一分为二的界限。其特点是穿着后使身体深藏不露，宽身大袖。魏晋南北朝服饰风格多为褒衣博带，即袍服与袖子宽大，追求潇洒飘逸。隋唐时期的官服为圆领窄袖的袍衫；女子则多穿襦裙，短上衣搭配长裙，裙腰高的系到腋下，整体造型雍容华丽。唐代还出现了"官品服色制"，以衣服的颜色表明官职的高低。红绯紫为尊，绿蓝青为卑，所以有"江州司马青衫湿"的诗句。百姓穿衣时，服色、面料也有严格限制，白色、黑色、褐色多为百姓、低级差役所用，故有"白衣""皂隶"之称。

根据汉服体系的发展脉络，汉服可分为衣裳制、衣裤制、深衣制、通裁制四个类别。

衣裳制是汉服体系中男子最高礼服的基本形制，自"黄帝垂衣裳而天下治"而确立，周朝时被纳入礼制范畴。随着衣裳制的款式日益丰富，又演化出衣裙制，常常用于男女常服和女子盛装。

衣裤制是汉服体系中最早出现的服饰形制之一，分为内裤（古称"裈")、外裤(古称"袴""绔")、套裤(古称"胫衣")三种类型。

深衣制又称分裁连属制,始于先秦时期,典型特征是将独立剪裁的上衣、下裳缝合,既合二为一,又保持一分为二的界限,后世演化出曲裾、袿衣、腰襦、襕袍等。

通裁制一般认为在隋唐时期,通过与北方民族的文化交流而引入的,经民族融合后成为汉服体系的重要组成部分。典型特征是上下一体,腰间没有界线,穿到身上起到接近覆盖全身的效果。

近年来,越来越多的年轻人穿起现代汉服,衣袂翩翩、自信满满地行走在高楼大厦和绿水青山间。每逢传统假日,便有各类汉服文化活动,以节庆民俗、文艺演出、街头快闪等形式,丰富了传统节日的文化内涵。现代汉服作为中华优秀传统文化的重要载体,经过手艺人的创造性转化和创新性发展,成为当代青年彰显文化自信最鲜明的表达方式之一,也成为向世人传递中华优秀传统文化的重要符号。

"莫春者,春服既成,冠者五六人,童子六七人,浴乎沂,风乎舞雩,咏而归。"在孔子弟子曾点的心中,生活的志趣便如这一幅春日闲适图。两千多年后,人们对生活的热忱不减古人。如今的春日,穿上合节令的服装,呼朋引伴,出游踏青,依然是许多年轻人迎接大好春光的绝佳方式。在各地的春游图景中,汉服格外亮眼:它们多以中国古代某一朝代的服饰为蓝本而设计,透着浓浓的传统韵味;它们形制多样、风格多变,展现出我国传统服饰文化的灿烂。

值得一提的是,现在我们在日常生活中提到的,以及大家穿着的汉服,与古籍中记载的汉服概念并不相同。现在所说的汉服通常是指 21 世纪出现并流行的,继承历史上传统服饰文化,明显区别于其他民族服饰,具有汉民族文化风格的服饰体系。现代汉服是具有中华民族历史文化基因和精神风貌,融合当代审美的礼仪性服装。其服装风格根植于中华传统文化，传承中华民族特质，体现当代社会积极向上的时代精神，具有鲜明的辨识度，适用于国际交往、文化交流、商贸往来以及日常节庆、祭祀等礼仪场合。

现代汉服是现代人继承古代汉服基本特征而建构的民族传统服饰体系，典型特征可以概括为"平中交右、宽裕合缨"八个字，这八个字不仅是对外观的描述，更蕴含了与中华文化息息相关的内涵，充分体现中华服饰崇尚含蓄内敛、端庄稳重的气质与美感。

"平"：指汉服运用平面对折剪裁的方式制作而成，前后衣身裁片肩线相连呈平面结构，"不破肩线""不绱袖""不改变布帛经纬走向"的服饰形态与西方服饰截然不同。整件衣服平铺时呈中线对折形态，不论服饰的款式如何变化，都坚守"平裁对折"这一制衣理念。

"中"：指汉服的衣身前后均有中缝，体现了左右均分、守正执中的民族身姿和文明形态。保持中缝对称的剪裁习惯，与其他民族服饰形成结构性差异。又因前后中缝与地面垂直，被赋予"刚正、公平、正直"的含义。

"交"：指汉服穿着时通过"相交"完成闭合，如交领是左右襟交叠，裙腰是左右围合，裤腰是两片重叠等。衣裳叠穿、衣身前后闭合，也被赋予天地交泰、阴阳相合的含义。《易经》曰："小往大来，吉亨。""天地交泰"蕴含朴素的辩证唯物主义思想，"交领"或者"交衽"的形态，则是"交泰"思想的器物化反映。

"右"：指左衣襟向右闭合固定后的外观形态和习俗，这一原则扩展到下装也是向右侧交叠闭合固定。"右"作为汉服的本质特征之一，蕴含了文明有序的观念。衣襟向右掩视为阳，表示在世的人；衣襟向左掩视为阴，表示故去的人。孔子说"微管仲，吾其被发左衽矣"，反映的正是当时汉民族服饰"右衽"的特点。

"宽"：汉服的用料远大于覆盖人体的需要，形成"松袼宽摆"的特征，袖根宽松使腋下能自由运肘，裳或裙摆是腰围的两倍以上，形成文质彬彬、君子之服的形象，蕴含天人合一的哲学气韵。

"褖"：字意为衣服缘边，是一种包边工艺。古人认为衣领若不加缘边则为粗陋之服，称"褴"；如又加以缝补，则称"褛"，成语"衣衫褴褛"形容生活困苦。现代汉服礼服传承《周礼》之制，保持"续衽钩边"的结构，即前衣襟加接一幅和缘边，遮掩交叠之处有传承礼义之邦的含义。

"合"："腹手合袖"，约束袖长和仪态。特别是礼服，根据《玉藻》和《深衣》篇的记载，"袂之长短反诎之及肘"，指袖长遮住手外能反折至肘部，双手合拢时袖子褶皱堆积，袖口左右相合，阴阳互补，蕴含"和合共生"的含义。

"缨"：字意泛指用于固定的带状部件或穗状饰物，也是衣襟的固定方式，不同于西式服装的单纽式或拉链固定式，而是采用衣带或佩绶等部件收束和装饰，若用纽扣则隐藏于不起眼处，形成隐扣系带，佩绶结缨的衣冠风貌。

总的来说，服饰既是经济发展、物质生产、技术进步的结果，也是时代精神的体现。当人们不断认识和发现传统，在重要仪式场合以及日常生活中，身着颇具中国传统文化韵味的服饰，服饰传统便会成为与生活息息相关的存在。其中的礼仪风尚、诗意风度和物用理念将得到传承发展，背后的自然观念、生活智慧、审美理想也将融入今天的生活。服饰文化以鲜明的时代特征和民族特色，传递和表达着人们的生活理念和审美理想。近年来，"中国风"设计引领全球时尚潮，中华服饰内在的文化精神和东方意蕴展现出强大的生命力。从传统文化到当代时尚，中华美学的创造性转化、创新性发展，成为增强文化自信的基石，发挥着沟通世界、传递价值的作用。

第一节 中国各朝服饰的历史演变与文化内涵

我国服饰文化的历史源流，在古代典籍中留下了种种传说。

有关服饰的产生，以战国《吕览》和《世本》的记述最为通行。据称于黄帝时"胡曹作衣"，或说"伯余、黄帝制衣裳"。这些传说反映了一个历史状况：大约在原始纺织技术昌明之前，有一个手编织物做衣服的阶段。在西安半坡、浙江河姆渡和钱山漾、江苏草鞋山等新石器时代遗址的出土遗物证实，在五六千年前已经有种种天然材料编织品和手编织物被广泛应用，同时也出现了原始纺织手工业。

一、服饰的出现

如果从出土文物方面加以考证，现代考古学和古人类学已经将服饰文化的起源上溯到原始社会旧石器时代的晚期。这时原始人跨入新人阶段，石质工具已定型化、小型化，人类还能打出锋利的石片石器。考古学家在不少遗址中，发现了磨制骨器和大量装饰品，这表明当时的人们已经掌握了磨光和钻孔技术，开始制造弓箭，用兽皮缝制衣服，发明了人工取火方法，文化发展的速度超越了以往任何时期，其中最具代表性的是山顶洞人的文化。

在山顶洞人的文化遗物中，包含了磨制的骨针和141件装饰品。骨针长约82毫米，最粗处直径约3.3毫米，通体磨光，针孔窄小，针头尖锐。骨针的发现证实了山顶洞人在距今大约2万年前后，便已经能够用兽皮一类的材料缝制衣服了。

服饰的产生，还可能是出于猎捕猛兽、应付战争的需要，以避免利爪与矢石的伤害；或出于伪装与威吓，人们用骨针率先缝制胸甲等原始的军事服装，并由此产生了日常服饰。

到了氏族公社后期，农业和手工业相继产生，人们将采集来的野麻加工成麻线，织成麻布衣服，还开始饲养家蚕，发明了丝绸。黄帝时期，衣服是上衣下裳，颜色为上玄下黄。上玄下黄象征着天地，这种对天地的崇拜也给后来的冠服产生了深刻的影响。

二、先秦服饰

夏、商、周三代，服饰事实上成为统治者的一种工具。商代的衣服主要是上衣下裳，一般以小袖居多（见图1-1），虽然基本服饰样式相同，但还是有着相当严格的等级之分，比如贵族阶层会穿戴蔽膝来显示身份，衣服的材质也是高级的帛、丝和皮料，还会在衣服上镶边，而底层民众只能穿麻布、葛布等材质的衣服。周代更是建立起了一套完整的宗法观念和礼仪制度，对衣冕的形式、质地、颜色、纹饰、佩饰等都有严格规定。商周时期，统治者推崇"礼制"，服饰的等级区分开始系统化，后世相继沿用。春秋战国时期，织绣工艺的巨大进步使服饰材料日益精细、品种名目日渐繁多，而诸侯兼并、民族融合的社会背景，也使得此时既有中原传统服饰，又有北方民族的胡服。值得一提的是，此时还出现了上下衣裳相连的深衣，并因简洁、方便的特质而逐渐成为一种时尚（见图1-2）。

图1-1　安阳出土商代石人像　　图1-2　战国着深衣的木俑
（国家博物馆藏）

三、秦汉、魏晋南北朝服饰

秦汉时期在传承商周服饰的基础上，确立了一整套服饰制度，成为大一统王朝等级礼法制度的标志，服饰日益讲究，呈现古朴、庄重的特征。秦代"兼收六国车旗服御"，创立了有利于国家统一的衣冠服饰制度。此时的男女服饰都是交领右衽，衣袖有宽窄两种形式，系腰带；士兵衣长齐膝，左右两襟为对称直裾式，皆可掩于背侧，两襟下脚如燕尾，保持深衣的基本形制。基于生产力的发展，两汉时期的服饰日趋华美，且随着舆服制度的建立，对官员服饰等级的要求更加严格，此时流行的服装主要是连身的长袍，样式以大袖为多（见图1-3）。西汉武士的服饰类型多样，主要包括长襦、铠甲、战袍等。长襦是西汉武士俑常见的服饰，其特点是襦长及膝、腰系革带、右衽交领、紧袖等（见图1-4）。此外，秦朝在政治上初成大一统之制，汉代时开辟丝绸之路，同西域国家交往甚繁，这些也对服饰的发展及中华服饰的传播产生影响。

图1-3　汉彩绘木雕女舞俑　　　图1-4　西汉武士俑（国家博物馆藏）
（国家博物馆藏）

魏晋南北朝时期，战乱频仍，等级服饰有所变革。此时，男子服饰以宽衫大袖、褒衣博带为尚；女子服装承袭秦汉的遗俗，并吸收少数民族服饰特色进行改进，特点为对襟、束腰、衣袖宽大。魏初，曹丕定九品中正制，以服饰颜色来显示等级，这一做法为后代所沿用。由魏而晋，政权更迭，经济衰弱，礼制难以实行，宽衣博带遂成风气（见图1-5）。

图1-5　南北朝彩绘十字髻女立俑（国家博物馆藏）

四、隋唐服饰

隋唐是我国古代服饰发展的重要时期，此时国家统一，经济文化繁荣，对外交流频繁，无论官服或民服、男装或女装，都展现出华贵富丽、开放大度的特征。隋唐历任统治者都曾在前朝的基础上改革舆服制度，天子、百官的服饰皆以颜色区分，以花纹表示官阶。圆领袍衫是隋唐男子的主要服饰，除祭祀及典礼之外，官员的常服总是如此（见图1-6至图1-7）。唐代女装开放程度空前，由于吸纳众多民族之风尚，妇女服饰样式、花色极多，胸前的领子也突破传统限制，呈现各种形状（见图1-8）。

图1—6　唐戴鹖冠的三彩俑　　图1—7　唐戴进贤冠的三彩俑　　图1—8　唐着半臂的女侍俑

注：图1—6至图1—8所示文物均来自国家博物馆。

五、宋元服饰

宋代结束了五代十国的割据局面，社会经济得到一定程度的发展，受程朱理学思想影响，社会崇尚内敛、简约，服饰制作娟秀、精巧（见图1—9）。宋代官服为大袖袍服、平翅乌纱，依据唐制，三品以上服紫，五品以上服朱，七品以上服绿，九品以上服青。平民则捋袖敞襟，系带裹腿。女装讲求瘦长，喜穿抹胸加褙子，流行花冠，外出时多戴盖头。

图 1-9　宋仪仗俑（国家博物馆藏）

　　元代统治者为蒙古族贵族，服饰色彩醒目、装饰明朗，款式多适合骑射。其服饰制度对帝王、百官的服色做了统一规定：蒙古族官员穿合领衣，戴四方瓦楞帽；汉族官员多穿唐式圆领袍服和幞头；后妃穿交领、左衽、齐膝的袍服，下穿裙子，脚着软皮靴。蒙古族的民族装束是皮衣皮帽，衣服多为宽大的袍式。

六、明清服饰

　　明代废除了元朝的官服制度，恢复汉唐传统，承袭唐宋的幞头、圆领袍衫、玉带，并制定了明确的服饰仪制，以补子、纹样、佩绶、服色、牙牌等来区分官员的品级（见图 1-10）。由于明朝统治者重视农业，推广植棉，棉布成为当时人们服装的主要原料。女装上衣拉长，露裙缩短，衣领也从宋代的对襟领变成以圆领为主，裙边均有装饰的花边，裙褶十分盛行。明代女子冠服制度更加完备，凤冠霞帔成为极具代表性的贵妇礼服（见图 1-11）。

图 1-10　陇西恭献王李贞像　　　　　图 1-11　孝亲曹国长公主像

　　清朝时以满族服饰为主，讲究精巧工艺和高贵质地，风格精美繁复。清代男子的服饰以长袍马褂为主，袍褂是这个时期最主要的礼服。妇女的服饰则满汉并存，满族女子穿直通式旗装（见图 1-12），脚穿花盆底鞋、元宝底旗鞋（见图 1-13），身穿坎肩，头梳把头；汉族女子则沿袭明代，穿时兴小袖衣和长裙，乾隆以后衣服渐肥，袖口阔至一尺多，肩上有云肩。满汉服装均不体现腰身。

图 1-12　天青纱多重镶滚女衫（国家博物馆藏）

图 1-13　金鱼纹元宝底旗鞋（国家博物馆藏）

七、20 世纪中国女性服饰文化的百年变迁

民国时期，"学生装"和"旗袍"是体现中西文化交融特色的时代服饰。民国时期，女性教育迅速发展，女学生数量大大增多，相应地，女性的学生装成为当时女性长衫服饰的潮流。女性学生装在当时又被称为"文明新装"。女学生上穿浅蓝色圆领小摆袄，下着长及膝盖的黑色素裙，穿上白色步袜，开始露出女性的小腿线条。20 世纪 20 年代，直接展示女性身材曲线的服装——"旗袍"诞生。不同于以往宽大的上下两装式的旗装长衫，修身的旗袍可以直接展示女性的身材，体现女性的身材曲线美。"学生装"和"旗袍"都是中西服饰元素交融碰撞的潮流产品。

中华人民共和国成立后，更加丰富多彩的长衫则体现了开放自由的社会服饰文化。女性长衫服饰样式更加丰富，花样翻新更多，旗袍的设计更加修饰女性身材，出现高领、开衩等新款式。改革开放后，女性长衫服饰的革新变化更加明显。修身的旗袍款式、腿部开衩的服装设计、复杂精致的花钮盘扣配饰、丰富时尚的颜色搭配，使得女性长衫服饰更加多样化，也更加大胆地衬托和展示着女性之美。

郭沫若说："衣裳是文化的表征，衣裳是思想的形象。"除了历史的变迁，中国传统服饰还可从材质、工艺、色彩、类别、制度以及穿着者、不同民族等方面区分，具有浩瀚而复杂的体系。总体而言，中国传统服饰呈现出强调服饰与人、环境的和谐统一，注重服饰的精神功能并将其道德化、政治化，以及体现民族融合，具有独特的传承性等特征。

改革开放以来，中国传统服饰向多元化发展，国人在自由创新的土壤上充分发挥智慧和创意，打造着属于自己的时尚。在新时代，传统服饰文化精髓仍以新的面貌大放异彩。唐装、旗袍不断掀起流行热潮，体现出传承中华优秀传统文化、寻找古典之美的热情，也说明中国传统服饰具有历久弥坚的生命力。

第二节　中国少数民族服饰的传承与创新

中国是一个多民族国家，在长期的历史发展中，各民族共同创造了璀璨辉煌的中华文明。各民族丰富多彩的传统服饰文化，体现了中华文化的多样性。

中国的民族服饰不仅织绣染工艺精湛，款式多样，制作精美，图案丰富，更是与各民族的社会历史、民族信仰、经济生产、节庆习俗等有着密切联系，承载着各民族古老而辉煌的历史文化。

中国的民族服饰的发展呈现了中国各民族团结奋斗、共同繁荣发展的和谐景象，是当今中国具有代表性的传统文化遗产。

中国的少数民族服饰是中国各少数民族日常生活以及节庆礼仪场合穿着的民族服饰。中国55个少数民族的着装，由于地理环境、气候、风俗习惯、经济、文化等原因，经过长期的发展，形成了不同风格，五彩缤纷、绚丽多姿，并具有鲜明的民族特征。

一、蒙古族服饰

中国古代北方游牧民族的历史是中国历史乃至世界历史上的重要篇章。蒙古族是北方游牧民族中极具影响力的民族，不仅有悠久的历史、丰富的生产经验和伟大的发明创造，还延续了古代北方游牧民族的生活方式和风俗习惯，传承了古代北方游牧民族辉煌灿烂的文化。如果把蒙古族文化比作草原，那蒙古族服饰就是这片草原上最美的花朵。然而，随着时代的发展、生活节奏的加快及生活方式的变化，很多蒙古族服饰只能在祭敖包、那达慕大会、婚庆典礼等重大场合看到，日常生活中已经很少见，这不能不说是一种遗憾。

蒙古族服饰以宽袍阔带著称，服饰色彩明亮浓郁，充分显示出蒙古族同胞热情、豪放的性格。由于地区不同、部族不同，蒙古族服饰既有统一性又各具特色。蒙古族服饰的基本构成为首饰、长袍、腰带和靴子，其中蒙古袍是蒙古族男女老幼最常穿着的品类，是在长期的游牧生活中形成的独特衣着风格。典型的蒙古袍两袖长而宽大，下端左右不分衩，领子较高，领口、袖口、衣边常用花边镶饰（见图1—14）。男袍多为蓝色、棕色；女袍多为红色、绿色和紫色。腰带是蒙古族服饰不可缺少的重要组成部分，一般多用棉布、绸缎制成，长三至四米不等，色彩多与长袍的颜色相协调。系扎腰带既能防风抗寒，又能保持骑马持缰时腰肋骨的稳定垂直，而且还具有装饰之美感。男子扎腰带时，多把袍子向上提，束得很短，骑乘方便，腰带上还要挂蒙古刀、火镰和烟荷包等；女子则相反，扎腰带时要将袍子向下拉展，以显示出娇美的身段。蒙古靴分布靴和皮靴两种。布靴多用厚布或帆布制成，穿起来柔软、轻便。皮靴多用牛皮、马皮或驴皮制成，结实耐用，防水抗寒性能好。其式样大体分靴尖上卷、半卷和平底不卷三种，分别适宜在沙漠、干旱草原和湿润草原上行走。蒙古靴做工精细考究，靴帮、靴靿上多绣制或剪贴有精美的花纹图案。蒙古族首饰大致可分为头饰、项饰、胸饰、腰饰、手饰等五大类。头饰是蒙古族首饰中最绚丽的部分，主要有头巾、帽子、头带、头圈、辫钳、辫套、头钗、头簪、耳环、耳坠等。

a. 蒙古族玫红暗花缎　　　　　b. 蒙古族绿提花绸镶
　 镶边四开裾女袄　　　　　　 边立领挽袖女长袍

c. 蒙古族黑缎花蝶刺绣　　　　d. 蒙古族织锦镶边
　 镶边大襟女长坎肩　　　　　　 对襟女坎肩

e. 蒙古族紫提花绸镶　　　　　f. 蒙古族桃红提花绸
　 边圆领短袖女长袍　　　　　　 镶边立领女长袍

图 1-14　蒙古族服饰

　　蒙古族服饰的悠久历史可追溯至遥远的史前岁月。早在旧石器时代，蒙古族的先民们便学会用兽皮制作衣服。《汉书·匈奴传》记载，"食畜肉"、穿"皮毡裘"的匈奴妇女的头饰与察哈尔妇女的头饰非常相似，而匈奴的服饰文化又传给了鲜卑、柔然、突厥等北方游牧民族，当然也传给了蒙古族，形成巴尔虎、布里亚特、额鲁特、扎赉特、科尔沁等 28 个蒙古族部落不同的服饰文化。蒙古族服饰是蒙古族传统文化不可分割的组成部分。随着历史的发展，历代蒙古族人民在长期的生活和生产实践中，发挥自己的聪明才智并不断吸收兄弟民族服饰之精华，在种类、款式风格、面料色彩、缝制工艺等方面逐步完善和丰富自己的传统服饰。

百年来，蒙古族用穿在身上的艺术续写着该民族 28 个原始部落的文化，讲述着中华文明的历史传承。

二、藏族服饰

藏族主要分布在我国西藏、青海、甘肃、四川、云南等地，藏族聚居地区高山连绵，雪峰重迭，地势高峻，因此藏族被称为"高原民族"。从昆仑山到喜马拉雅山，从藏东的三江流域到阿里高原，大多数藏族人以畜牧业和农业为主要生产方式。由于高原地区气候寒冷，藏族人喜爱穿厚重保暖、宽大袖长的羊皮袍或氆氇袍，并佩戴饰品，这些特色浓郁的传统藏族服饰一直流传至今。

不同地域的藏族服饰有着不同的服饰风格，但共同特点主要为宽袍长袖（见图 1—15）。藏族服饰中男装雄健豪放，女装典雅潇洒，服饰的基本特征有长袖、宽腰、长袍、长靴，这较大程度上取决于藏族人民所处生态环境和在此基础上形成的生产、生活方式。穿用这种结构肥大的服装在夜间可以和衣而眠，抵御风寒；袍袖宽敞，臂膀伸缩自如，白天气温上升可露出一个臂膀，方便散热，调节体温。妇女冬穿长袖长袍，夏着无袖长袍，内穿各种颜色与花纹的衬衣，腰前系一块彩色花纹的邦典，即围裙，这是藏族特有的装束，是已婚妇女必备的装饰品。藏帽式样繁多，质地不一，有金花帽、氆氇帽等二十种左右。藏靴是藏族服饰的重要特征之一，藏靴的种类繁多，名目不一，大致可分为全牛皮靴、条绒藏靴和毛棉花毡氆氇靴三种。藏靴无男女之分，只有长勒、短勒及单棉之别。藏族男女特别讲究佩戴饰物，妇女尤喜以红珊瑚、黄蜜蜡、绿松石和各种银制品为饰，形成高原妇女特有的服饰风格，其中腰部的佩褂最有特色。佩戴时将宽带穿于腰带上，佩饰自然垂于身体两侧，尽显吉祥华贵。藏族同胞特别重视"哈达"，把它看作最珍贵的礼物。"哈达"为雪白的织品，一般宽二三十厘米、长一至两米，丝绸质地，每有喜庆之事，或远客来临，或拜会尊长，或远行送别，都要献哈达以示敬意。

a. 藏族云龙纹金花锦镶水獭皮女袍　b. 藏族绛红色氆氇镶虎皮男袍

图 1-15　藏族服饰

据学者研究，藏族服饰文化的渊源可追溯到距今四五千年前的新石器时代。公元前 1 世纪前后，藏族先民的服饰就已经具有今天藏族肥腰、长袖、大襟、右衽长裙、束腰及以毛皮制衣的特征。这在后来的敦煌壁画中也有直观展示。当时的藏族先民夏衣毡褐，冬则羔裘，衣则毛毡皮裘，服装的宽腰、长袖、大襟、束腰以及以皮裘制衣早已成俗，与今天安多地区的款式制作基本相同。著名藏族学者更敦群培，在其著作《白史》中表达过这样的观点，即一个地方、一个民族信仰的神祇，其服饰衣着实际上来源于当地的古代服饰文化。他举例说，印度恒河女神脚上的足钏、安多玛卿邦热（积石山神或黄河神）头戴的毡帽、中原地区观音菩萨身披的斗篷，就是这样。更敦群培所言不虚，唐卡上，阿尼直亥山神的穿着的确显现了海南藏族的服饰风格，最为明显的就是他们头顶上的白色毡帽。

作为民族服饰中的一颗璀璨明珠，藏族服饰独特的风情与魅力，在如今的传承与创新发展中另有一番活力。随着藏装不断"出圈"，也出现了一批年轻的藏装设计者，他们在传承传统服装优点的基础上，在样式、色彩上创新的同时，还不断把时尚、流行、简约的现代元素加入服饰、配饰中，形成藏装新的时尚风格。时尚藏装越来越受到藏族年轻人的欢迎，对于他们而言，藏装不只是节日的盛装，在日常生活中与现代服饰混搭也成了新潮流。

藏族服饰从远古的蔽体御寒，到今天的视觉艺术，在悠长的千百年岁月中，不断演变、融合、传承、创新，将民族的生活习俗、审美情趣、文化心态、宗教观念等倾注于飞针走线之中，绽放在皮缎棉麻之上，成为整个民族文化的重要组成部分。随着时代的发展，藏族的服饰文化也发生了许多变化，但无论怎样变化，我们可以看到，袍中着衽、腰襟宽硕、袖笼长扬、彩料镶边等古老的藏族服饰传统依旧得到了传承。

三、朝鲜族服饰

服饰是一个民族的文化符号。朝鲜族是中国少数民族之一，其绚丽多姿的民族服饰展示着朝鲜族的独特魅力和文化内涵。

朝鲜族民族服饰以象征纯洁、善良、高尚、神圣的白色为主，呈现出素净淡雅的风格，朝鲜族因此有"白衣民族"之称。20世纪初，随着现代经济的影响，机织布和丝绸、绸缎等面料开始传入朝鲜族聚居地区，受此影响，朝鲜族服饰的颜色也变得多样起来。

朝鲜族传统服饰的最大特点是斜襟、无纽扣，以长布带打结，男女服饰迥然不同，男人穿裤，女人穿裙。男装的裤裆和裤腿都较宽，裤脚系布带，便于盘腿席坐；妇女所穿的短袄长度及胸，长裙则长及脚跟。朝鲜族儿童多穿七彩上衣，色彩斑斓，好像彩虹在身，使孩子们显得更加聪慧、可爱。关于七彩衣的起源，说法很多。有的认为是出于审美心理；有的认为是出于避邪的目的；还有的认为是过去朝鲜族妇女善于保存各种颜色的布块，用来给孩子做衣服等（见图 1—16）。

图 1—16　朝鲜族少女的七彩衣

　　朝鲜族服饰以自织的麻布和土布为主要原料，制作时采用平面裁剪法，穿着时显得简洁明快、富于变化，完美地体现了服饰的直线美和曲线美。服饰的色彩搭配遵循阴阳五行原理，利用服装的色彩和衣料的材质演绎不同风格，使对比色搭配和近似色搭配相得益彰。

　　朝鲜族传统服饰是朝鲜族人民在长期生产生活中逐渐形成的，保留了朝鲜族民间服饰的显著特点。朝鲜族人民具有爱好和平而又生机勃勃的一面，民族文化深沉而又乐观。尤其是在节假日和老人寿诞之时，穿上朝鲜族传统民族服装，载歌载舞，共同欢庆，已成为朝鲜族标志性的"风景线"。

四、壮族服饰

壮族是中国人口最多的少数民族，主要分布在广西、云南、广东和贵州等地。壮族服饰多为蓝、黑、棕三种颜色。壮族女子有植棉、纺纱、织布、染布的习俗。壮族喜欢黑色，故男女衣着皆以黑色为主。女子戴黑头巾，穿黑色或青色右衽斜襟上衣，领襟、袖口、衣摆均绣有花边（见图1－17）。下着宽大黑裤，裤脚镶饰花带，腰系围裙，节日时穿绣花鞋，肩背壮锦筒包，喜欢佩戴银项圈、银手镯等饰物。男子穿黑色对襟布扣短衣，或铜扣大襟衣，系腰带，宽大中式裤长仅及膝下，打绑腿，穿草鞋或剪口布鞋，包黑布头帽。桂南地区壮族男子穿无领琵琶襟上衣、长裤、双钩头鸭嘴鞋，衣裤皆有边饰。具有美丽图案的壮锦很著名，其图案有自然形和几何形。自然形图案有鸟、兽、虫、鱼、龙、凤、花草或山川等，几何纹图案有菱形纹、回纹、万字纹、水波纹等，形象简朴而和谐。壮锦一般用于妇女的头巾、褶裙、围腰、绣鞋以及被面、包等日用品上。

图1－17　壮族套装之素黑刺绣对襟女上衣

黑色为底，配上明艳的红色、黄色、蓝色等图案，色彩艳丽又粗犷……这是壮锦和壮族服饰最初的惊艳。现在，壮族服饰正在不知不觉中变得更符合现代人的审美和日常需求，但不变的依旧是那份可以惊艳时光的精致。这些新式的壮族服装，除了款式更符合现代人审美，纹样也经过重新描摹设计，配色变得清新淡雅，既有民族特色，又可日常穿戴。除了新式的壮族服装，还有新配色的壮锦围巾、披肩、首饰和包等服装配饰。这些产品所用到的壮锦大多数由织娘手工织造而成，有着不同于机器流水线的精致。传统壮族服装上的图案在配色上多采用撞色的手法，基本由饱和度较高的红色、黄色、蓝色和绿色组成，配色过于艳丽隆重，不太符合现代人的审美。现在壮锦图案的配色，都是同色系的，显得清新淡雅，用在衣服上做点缀也更好看。

五、苗族服饰

苗族服饰丰富多彩。从精细华美的施洞苗服饰到原始粗犷的南丹苗服饰，风格款式各异。贵州是苗族服饰最为集中之地，其刺绣、蜡染、纺织、银饰都极为精美，充分体现了富有特色的苗族服饰艺术。苗族服饰在运用织、绣、染中的一种传统工艺技法的同时，穿插使用其他的工艺手法，或者挑中带绣，或者染中带绣，或者织绣结合，从而使苗族服饰花团锦簇、流光溢彩（见图1-18）。苗族人有佩戴银饰的习俗，在传统观念中银饰可以辟邪，有吉祥幸福的寓意；在现代观念中，银饰是富有与美丽的象征。由于地理环境、文化背景和生活习俗不同，不同支系的苗族银饰显示出迥然不同的装饰风格，这些差异也极大地丰富了苗族银饰的种类。苗族是一个民族意识和艺术才华都很强的民族，他们不仅将文化传统倾注于口头文学，更将它倾注于服饰图案之中，其不仅有记述人类起源神话的"蝴蝶妈妈"和苗族祖先英雄故事的"姜央射日月"等图案，更有追述苗族先民悲壮迁徙史的"黄河""长江""平原""城池""洞庭湖""骏马飞渡"等主题图案。苗族人将服饰图案作为史书，深切地表达历史并作为苗族群体的标志世代相传。

图 1-18　苗族刺绣对襟中袖女上衣

　　一件服饰，即一片微型宇宙，也是一座自成体系的文化岛屿，它们安静地漂浮在时光的深海之中。它们都有着自己的传统与生命文化，如同群星般璀璨在历史的长河之上。苗族的服饰被称为"迁徙的史诗"，记录着苗族人民来时的路。文化并非只存在于文字之间，还存在于日常、传统的仪式感中。每一种苗绣、每一种纹样、每一种编织方式，都是漫长岁月中的生命密码，是活着的历史。苗族服饰有着不同于世俗的绚丽，更是一种内敛而深刻的存在，它可以盛大绽放，也在细节处动人心魄。它是孤岛，更汇成千岛，书写着人类服饰文化的不朽篇章。苗绣里的一针一线，是岛屿上的道路，蜿蜒曲折，连接着一代又一代的文化注脚，每一针的落脚点，都记录着岛屿的往昔和当下。自然万物在布上浮现，花鸟虫鱼跃然其中，若隐若现的细丝藏匿着低声吟唱的苗族古歌。

　　随着社会的发展和外来文化的影响，人们的着装方式逐渐改变。苗族传统服饰承载着民族历史与人文信息，是苗族代表性文化符号之一，更是中华文化的瑰宝。随着社会的进步，苗族服饰在保留传统技艺的同时，也融入了现代化设计理念和潮流文化，推动了创新化发展，并促进了苗族服饰文化的传承和发展。

六、傣族服饰

素有"金孔雀"之称的傣族，是一个爱美的民族，傣族妇女善织，以傣锦闻名，服饰秀丽。西双版纳女子上穿浅色紧身窄袖琵琶襟短衣，下着长及脚面的艳丽花筒裙，系银链腰带，脚下着屐或赤足。戴耳环、手镯，挽发髻于脑后，插饰梳子和鲜花。外出时手持漂亮绸伞，肩挎长带筒包，更显得窈窕秀美。新平、元江等地的傣族女子身着镶绣银泡的小褂，外套一件锦缎镶边的超短上衣，仅七寸长的短衣充分展示出她们的腰饰的华美，红色织花腰带在腰间层层缠绕，小褂下摆垂着的无数银坠均匀地排列在后腰，串串芝麻响铃在腰间晃动，长长的丝带将精美的"花央箩"系在腰边。黑红色的筒裙，镶满银泡的筒包，高高的发髻、别致的小笠帽，耳侧旁挂着花银响铃。芒市傣族女子婚前穿浅色大襟短衣、黑色长裤、系绣花围腰，婚后改穿对襟短衣、深色筒裙，头上包长穗头帕。傣族男子的传统服装为无领大襟短衣、长裤、束腰带、头缠丈余长的白布或青布头帕，衣襟上坠银饰，冬天披裹草绿色棉毯（见图1-19）。

图1-19 傣锦银芝麻铃长袖高腰女上衣

傣族服饰是傣族民族文化的视觉符号和重要载体，造型多样，特色鲜明，内涵丰富，既涵盖了傣族文化的内核，又体现出傣族独特的审美情趣。傣族女性的传统服饰充满了独特的魅力。她们的衣着通常是由手工绣制的紧身上衣和宽松的长裙组成，色彩鲜艳，图案繁多。上衣紧身，展现了女性的身材线条，同时又绣有复杂的图案，看起来既时尚又传统。下身的裙子则是宽松的，布料轻柔飘逸，走起路来裙摆摆动，显得格外优雅。而银腰带则是傣族女性服饰的一个重要组成部分。银腰带通常由傣族的工匠手工制作，以纯银为材料，精致的镶嵌工艺使得银腰带看起来闪闪发光，如同银河落九天。银腰带的样式也多种多样，有的设计独特，有的绣有美丽的花朵，有的则镶嵌了精美的宝石。它们不仅美观，更是傣族女性服饰文化的重要象征。傣族服饰虽然在不同地区有所差异，但也有许多共同点。傣族服饰通常由上衣、筒裙和腰带三部分组成，下装都是筒裙。上衣有斜襟和对襟两种样式，基本是紧身窄袖。各地傣族女性都梳着椎髻，一些支系的女性还会用筒帽将发髻包裹、掩藏起来。

　　傣族服饰是傣族文化的重要载体。它不仅展现了傣族人民的手艺和色彩搭配习惯，还表现了他们的审美心理。通过观察傣族服饰，人们可以直观地感受到傣族文化的丰富多彩和传承。无论是从生活生产的角度还是婚姻的角度，傣族服饰都扮演着重要角色，向世人展示了傣族人民的智慧和审美。

　　服饰被称为"穿在身上的文化"。任何一种传统服饰都源于当时的时代背景，一旦脱离了时代，就很容易变成放在衣柜里、置于博物馆、藏在记忆中的文化符号。所以，唯有不断赋予传统服饰以新的时代精神和生活内涵，才能为大多数人所接受，从而焕发出新的光彩。

　　我们珍爱一种事物，将其捧在手心未必对它有利，让它融入土壤反而更能茁壮成长。而生活，永远是优秀传统文化最肥美的土壤。各族传统服饰历经千百年依然传承不衰，已经证明了它们不是易碎品，经得起生活的检验。传承和发扬传统服饰文化的手段多种多样，但"文化即生活"无疑是最好的理念。让传统服饰通过自我更新、与时俱进，跟上时代节拍，在日常生活中再现，有助于提升民族凝聚力。

值得一提的是，让服饰文化融入生活，正常的商业开发必不可少，但决不能过度开发、竭泽而渔。在此过程中，必须坚持"两分法"：一方面，要注重对传统服饰的继承和保护，在重大礼仪场合应穿着本民族服装，把民族服饰文化的瑰宝留在当下；另一方面，要考虑日常生活和工作中的着装舒适与便利，设计出既富含民族元素，又能体现当下特点的时尚服饰。

随风潜入夜，润物细无声。保护和传承民族服饰文化，不等于要将其束之高阁、供奉起来，而是要在继承和保护的基础上，进行大胆的再创造，使之与现代社会相适应，与现代生活相协调，成为日常生活的一部分，如空气般时时滋养着我们的精神。

思考与练习

1. 你觉得中国传统服饰不仅时尚而且流行吗？请说明理由。

2. 当代大学生应该如何传承和弘扬中国传统服饰文化？

3. 你最喜欢哪一个少数民族的服饰？请简单介绍它的服饰特点。

第二章　体态语

【学习目标】

了解广义和狭义的体态语的概念、体态语的特点及体态语的功能，注意不同场合的体态表达。

【学习任务】

模拟面试时的体态表达。

在日常交往中，我们除了运用有声语言，还需借助一些表情、手势、动作等体态语的表达来补充有声语言的不足，传递特定的信息，以达到"此时无声胜有声"的表达效果。

第一节　体态语的特点和功能

体态语，又叫"体势语""态势语"，有狭义和广义之分。狭义的体态语是指人们通过表情、手势、体态等形体动作来交流思想、表达情感的一种辅助性非语言交际方式。广义的体态语不仅包括狭义的体态语，还包括交际者的服饰、发型、装束等主体形象语言，是指以表情、眼神、手势、身姿、服饰等为媒介的一种重要的非语言交际方式。体态语可以代替口头语言，也可以补充或强化口头语言的不足。在口语表达过程中，我们要充分利用自己的体态语，良好的体态语更能充分展现一个人的气质和风度。

体态语是没有声音的伴随性语言，它和有声语言既有区别又有联系。区别在于：体态语是仅仅通过传递形象性的视觉信息，刺激交际者的眼睛，最终作用于人的右脑；有声语言是通过语音传递抽象性的听觉信息，刺激听话者的耳朵，最终作用于人的左脑。两者的联系表现为：在言语交际过程中，体态语对有声语言起着辅助作用，它补充、丰富甚至替代了有声语言。著名人体语言学教授艾伯特·麦拉宾发现：在人际交流过程中，信息传递的渠道有着明确的占比划分，高达55%的信息是经由视觉途径传达的，涵盖了手势、表情、外表、装扮、肢体语言以及仪态等方面；38%的信息依靠听觉传递，像说话的语调、声音的抑扬顿挫等要素都包含其中；而纯粹通过语言表达来传递的信息，仅占总量的7%。在某种程度上，体态语透露出来的信息，比有声语言更能直接、真实地表现出交际者的心理状态和思想情感，反映出一个人的文化修养、审美品位和性格气质等。例如：笑逐颜开，反映人内心喜悦；来回踱步，反映人内心焦虑不安；两眼呆滞、面无表情，反映人情绪忧郁；谈话时跷起二郎腿、下巴上扬，反映人态度傲慢；等等。俗话说："出门看天色，进门看脸色。"无声的体态语以其独特的魅力在人类交际活动中起着举足轻重的作用。

认识体态语符号，对其做出正确的理解并且身体力行，可以增强口语表达的效果，也更能够理解和尊重别人的感情，让社交活动变得更容易。

体态语作为人类最早使用的一种形体语言，同口语和书面语这些符号语言相比，它没有严密的生成机制和严格的使用规则，在言语交际中处于依附和从属地位。体态语的不成熟性使其具有鲜明的个性特点。

一、体态语的特点

（一）直观性

直观性指在人际交往的过程中，交际主体同处一个情景现场，彼此的举手投足、一笑一颦等形体动作、表情都形象、直观地展现在对方眼前。体态语的直观性有助于揭示交际双方的思想状态和情感特征，提升有声语言表达的感染力和说服力。例如，交谈中的一方在述说时，另一方的头微微侧倾，目光时不时地注视着说话者的脸部，手里紧紧地握着笔，不时地记下几笔。这样的姿态和表情反馈出的信息表明对方正在倾听自己的谈话，或者对自己谈论的话题非常感兴趣。

（二）多义性

多义性指在言语交际过程中，交际主体的一种形体动作能够表示好几种意义。例如，点头是常见的体态语言。点头除表示赞成、肯定外，还有其他含义。例如：两个熟悉的人经常碰面时，相互点个头，表示"你好"，这个示意动作比语言交际更为简约。听对方讲话时，点头不仅表示同意对方的观点，而且表明"我正在听"，示意对方继续讲下去。

（三）民族性

民族性指某些体态语在长期的交际活动中由一定的民族或社会成员约定俗成，即用固定的形体动作表示约定的意义，并为该民族或者社会成员所固有。体态语的民族性主要表现为同样的体态语在不同民族中代表不同的意思。例如，竖起大拇指这一手势，在中国，它通常表示赞扬、肯定，是积极的信号；然而在希腊，急剧上竖大拇指却带有侮辱性，是非常不礼貌的行为。再如，点头在多数民族中表示同意、认可，但在保加利亚等一些国家，点头却意味着否定。这种差异要求我们在跨文化交流中，必须格外留意体态语的含义，避免因误解而造成不必要的麻烦。

二、体态语的功能

作为一种没有声音的伴随性语言，体态语对有声语言起到配合、替代和补充的辅助性作用。体态语的沟通功能主要体现在以下四个方面。

（一）辅助传递信息的功能

体态语的伴随性特征，决定了它具有辅助性功能，在常规沟通中，体态语一般是配合有声语言使用的，人们有时会不自觉地运用体态语来表情达意。有意识地使用体态语，可以吸引人的注意力。

（二）单独传递信息的功能

体态语不仅对语言交际有辅助功能，还可以暂时离开有声语言，单独传递信息、交流感情。体态语的这种临时独立充当交际手段的功能，称为"替代功能"。经过人类的长期实践，非语言符号特别是体态语已自成一体，具有一定的替代言语的功能。例如，哑剧演员的表情和动作、舞蹈演员的姿态动作、交通警察的指挥手势、裁判员在体育竞技场上所做的各种手势和动作等，都能独立地传递信息，起到沟通的作用。有时，体态语甚至比言语传情达意更为明确、深刻。用体态语替代有声语言传情，尤其是表达青年男女之间的爱恋之情，会更细腻、更丰富，表达效果更好。例如，男女之间的爱慕之情，在无以言表时，可用体态语传情，"眉目传情""暗送秋波""挤眉弄眼""眉来眼去"等就是描写体态语（眉目语）的一些说法。又如，"老乡见老乡，两眼泪汪汪"的情感流露比千言万语更能体现相见时的感情。

（三）强化有声语言的功能

体态语的强化功能是人们运用一些非语言手段使语言表达的内容更加鲜明、突出，这时，语言和体态语在表达的意义上应该一致，若不一致，就可能使对方困惑不解、疑窦丛生，最终导致沟通失败。例如，如果一个领导在台上讲话，说"我下面讲三点意见"，同时，比画了一个"三"的手势，就起了强化作用；如果手上比画了一个"四"的手势，观众就会产生疑惑。在演讲中，富有节奏感的手势，还可以增强语言表达的语势，让语言表达更有力度。

（四）调节沟通心理的功能

沟通中，有些体态语是人们有意使用的，而有些体态语则是人们的无意识动作，也就是说，人们可以不经意地根据沟通的需要进行体态语的调节，以适应沟通的需要。例如，两个人谈话时，一方用眼神和语调示意接下来该对方说话了，以此来调节他们之间目前的交际格局和相互关系。有时，沟通者运用体态语是为了调节自己紧张的情绪。人在紧张的状态下，会做出一些下意识动作，如摆弄手中的东西或两只手捏来捏去，无意中就向对方传达出自己内心紧张的信息。

第二节　体态语的类型

一、肢体语

肢体语包括首语、手势语和姿态语三类。

（一）首语

首语，就是通过头部来传递信息。头部动作的种类虽然不多，但是所表现的意义却是明显的。它包括仰头、低头、摇头、点头、侧头等。仰头（昂首）表示骄傲、得意或者不屈服。低头表示胆怯、害羞、忧郁、投降、悲伤等。摇头表示否认、反对或不以为然。点头表示同意、认可、赞许或理解。侧头这个动作通常与好奇、倾听、思考或疑惑等情感相关。这里所说的首语，是把头部看成一个整体。在日常生活中，我们常常利用头部动作来传递信息，例如，人们在表示愤怒、失望、厌烦或急躁的情绪时，有时扬一下头，嘴里还"啧啧"有声，同时还可能眨眨眼睛，或者眼珠向上或向一侧转动。摇头可以表示不满，表示怀疑、否定、拒绝，表示不理解、无可奈何等意思。但是要注意文化差异，不同民族的摇头表示的意思并不一样，西方人头左右摆动，表示也许、犹豫不决、差不多、马马虎虎、不大清楚的意思。而在保加利亚、土耳其、伊朗和印度的部分地区，人们摇头表示肯定。

（二）手势语

手势语是指通过手指、手掌、手臂等动作和姿态来传递信息。手势语是一种表现力很强的体态语言，是传情达意的有力手段之一。手是人体中最灵活的器官，人们广泛利用手势进行交流。手势语言十分丰富，能表示各种意义。它被用来作为有声语言的有利补充，起辅助或者强化作用。对此，古罗马的政治家西塞罗明确指出：一切心理活动都伴随有指手画脚等动作，手势恰如人体中的一种语言，这种语言甚至连最野蛮的人都能理解。

在日常交际活动中，手势语的应用范围很广，运用频率也很高：以招手表示呼唤，以摇手表示反对，以举手表示赞成，以搓手表示为难，以叉手表示自信，以摊手表示坦诚，以拱手表示礼节，等等。

手势语可以分为手指语、握手语、鼓掌语、挥手语等。手指语是通过手指的各种动作传递信息的体态语。在日常的交际活动中，人们都会有意无意地使用手指的各种动作来辅助或者代替有声语言传情达意。手指语的运用要看语境。如在庄重和谐的场合，伸直手指指向对方，就会显得不尊重；在长辈或者上级面前说话，一般不宜用手指语。此外，手指使用的频率、摆动的幅度，以及手指的姿态都有讲究，应使其优美和谐地配合有声语言传递信息，过多、过杂又不注意姿势的手指动作，会给人留下缺乏修养的感觉。握手语是交际双方彼此用手相握来传递信息的体态语。握手除了表示见面时的礼节，还能表达许多复杂的思想感情，如与成功者握手，表示祝贺；与欢送者握手，表示告别；与同盟者握手，表示期待；等等。握手是一种承载着十分丰富的交际信息的体态语。在各种交际场合，能否握手、如何握手，都大有讲究。一般来说，应由年长者、身份高者、女士、主人先伸出手，晚辈、身份低者、男士、客人才能伸出右手与之相握。握手时眼睛注视对方，面带微笑，同时要注意对方的反应。握手用力的轻重和时间的长短也很有讲究，用力太轻，表示冷淡；用力太重，表示粗鲁；用力适中，表示热情。握手时一触手就松开，表示冷淡和疏远；如果紧握不放，容易引起对方的反感。鼓掌语是通过双手相拍发出响声以传递交际信息的体态语。鼓掌语传达的意思相对来说比较单纯，一般情况下，鼓掌语表示欢迎、支持、称赞，有时也表示喝彩或喝倒彩等。挥手语是通过举起或者挥动手臂来传达感情或信息的体态语。挥手语的运用，是说话者内心情感的强烈抒发和自然流露。运用得好，就有助于情感的抒发和升华。例如，高明的演讲家在演讲时，除了运用慷慨激昂的言辞，还常常配合挥手的动作，激发听众的情绪，使听众受到极大的鼓舞。除了演讲，挥手语还用于分别的场合，表示依依惜别之情。

（三）姿态语

姿态语指的是通过身体呈现的样子来传递交际信息的一种手段。在当今社会中，它不仅是"修身养性"的基本要求，在交际活动中还透露出文化、仪表等内在底蕴，是个人修养气质的重要表现手段。著名人类学家戈登·休斯研究了各种文化后发现人类姿势达 1000 多种。按照静态和动态来加以区分，静态的姿态语包括立、俯、坐、蹲、卧；动态的姿态语包含行走、跑步、跳跃、弯腰等。重要的姿态语为立、坐、步，次要的姿态语为俯、蹲、睡，不过后三种姿态语在人际交往中用得较少。姿态语在日常生活中起着极其重要的作用。中国人从古至今都十分讲究坐姿、站相和步态，认为这是一种礼仪。比如坐姿要做到"坐有坐相"，有"小坐、抱膝、跂坐、踞坐、箕坐、危坐、侧席、跪、跽"等说法。"站有站相"这句话道出了人们对社交中体态语言的审美取向。"站如松"更是人们对一种端庄、伟岸、潇洒、秀逸的气度的追求。同样是立姿，演讲家演讲时，挺身直立，头稍微高扬，给人以善于鼓动的印象；晚辈听长辈的教导时，低头微微曲腰地站着，给人以谦虚、恭敬的印象。

二、表情语

面部表情是通过面部的眼眉口舌各个器官等的变化来表情达意。法国著名作家罗曼·罗兰说："面部表情是多少世纪培养成的'语言'，是比嘴里讲的语言复杂千百倍的'语言'。"人的面部表情十分丰富，具有各种不同的表现形式。比较容易辨认的面部表情一般表示出以下特征：快乐、惊讶、厌恶、悲哀和乐趣。世界各族人哭和笑时的面部表情没有什么差别，恼怒时的面部表情也相同。人的面部表情由脸色的变化和眉、目、鼻、嘴的动作来表现，它们在脸部构成的三角区是表情语最集中、最丰富的地区。仅仅眉毛的动作就有 20 种：皱眉表示为难，挤眉表示戏谑，展眉表示宽慰，扬眉表示畅快，锁眉表示愁苦，飞眉表示愉悦，竖眉表示愁苦，等等。同样嘴的开合也可以显示出多种含义：撇嘴表示不满，抿嘴表示害羞，咧嘴表示高兴，等等。嗤之以鼻表示轻蔑，咬牙切齿表示痛恨，惊奇时张大嘴巴，激动时扇动鼻翅，困惑不解时张口结舌，内心痛苦时咬住嘴唇，倒吸气表示吃惊，长出气表示放心。笑容是人类面部表情中的一种重要形式。通常人们高兴时，会嘴角后伸，上唇提起，双眉展开，双眼闪光，即所谓笑容满面。以下我们将重点介绍表情语中的目光语和微笑语。

（一）目光语

目光语是运用眼神、目光来传递信息、表达情感的语言。眼睛是心灵的窗户，最富有表情，它所流露的情感和传达的信息比任何身体动作都多。爱默生说："人的眼睛和舌头所说的话一样多，不需要字典，却能够从眼睛的语言中了解整个世界。"透过眼神，可以窥测人的喜怒哀乐，人的情绪集中体现在眼神上。人在高兴时眉开眼笑，愁闷时眉头不展，悲泣时以泪洗面，愤怒时怒目圆睁、横眉立目，惊恐时则瞠目结舌，聚精会神时目不转睛，精力分散时目光涣散，沉思时凝视出神，心生邪念时眼珠滴溜溜转。男女之情可通过眼神来传递，即所谓"以目听，以眉语"或"眉目传情"。在现实生活中，我们还可以看到嫣然一笑、回首凝眸的"媚眼"，情绪呆滞、凝眸不动的"定眼"，沉思遐想、目光下沉的"呆眼"。赫斯在他的《会说话的眼睛》一书中指出，眼睛能显示出人类最明显、最准确的交际信号。正因为如此，历代文学家和艺术家在自己的创作中都十分重视刻画人物的眼睛，挖掘出目光信息符号中蕴藏的精神世界。在艺术活动中，演员力求用眼睛说心底的话，用眼睛体现感情的波澜。"画龙点睛"是中国画论审美评价的标准之一，用鲁迅的话说，是"要极省俭地画出一个人的特点，最好是画他的眼睛"。黑格尔在他的《美学》一书中说："不但是身体的形状、面容、姿态和姿势，就是行动和事迹、语言和声音以及它们在不同生活情况中的千变万化，全部要艺术化成眼睛，人们从这眼睛里就可以认识到内在的无限的自由心灵。"一双眼睛能诉说天下万种风情。

在日常生活中运用目光语进行交往的时候，应注意以下几点。首先，要敢于并善于同别人进行目光接触。这既是一种礼貌，也是一种自信，它能促使谈话在目光交接中持续不断。有的人不善于用目光语，在交流中不是左顾右盼，就是低头看地板或者抬头看天花板。这既不利于建立良好的谈话气氛，甚至会令人觉得讲话者精神不稳定、性格不诚实、企图掩盖什么，也是怯懦和缺乏自信的表现。其次，应注意目光注视的部位。言语交际时，目光注视的部位表明双方的亲疏、远近，传达出相应的信息。近亲密注视将视线停留在对方的两眼和胸部之间的三角部位，远亲密注视将视线停留在对方的双眼和腹部之间的三角部位，社交注视将视线停留在双眼与嘴部之间的部位。前两种适用于亲近的人，后一种适用于公关交际。再次，应注意目光注视时间的长短。交谈时，目光注视对方脸部的时间应占谈话时间的 30%～60%。超过这一平均值，表明对对方比对谈话内容更感兴趣，这是失礼的行为；低于这一范围，则表示对对方及谈话内容都不感兴趣，这也是不文明的行为。刚一注视就躲闪，则被看作胆怯或者心虚。最后，还要注意目光注视的方式。斜视表示轻蔑，扫视显得不尊重，仰视表示崇敬。当进行个别交谈时，应采用正视的方式；与广大公众进行交谈时，既要用正视的方式，又要结合环视的方式，避免使任何人产生被冷落之感。

（二）微笑语

微笑是面部表情语的重要组成部分。微笑语是通过略带笑容、不出声音的笑来传递信息的体态语言，它是一种世界通用的语言，除了表示友好、愉悦、欢迎、欣赏、请求、领略，还可以表示歉意、拒绝。微笑是友好的使者，是成功的桥梁。微笑可以给对方留下美好的印象，尤其是对于初次见面的朋友，微笑往往能大大缩短双方的心理距离，彼此获得好感与信任。微笑可以产生融洽的交际氛围，同时也是对别人的尊重，在与他人的交往过程中，假如你首先给别人一个微笑，别人会感到你的友好，从而也会以微笑作为反馈。

当然，微笑代表的意义也有例外。例如，在日本，微笑有多种含义。在日常交往中，微笑是一种礼貌和尊重的象征，比如在见面和告别的时候。在遇到小麻烦或者尴尬的情况时，也会用微笑来表示歉意或者缓解紧张的氛围。不过在传达悲伤的消息等严肃场合，一般是不会微笑的，他们会遵循相应的礼仪，展现出哀伤的情绪。微笑并非无往而不利。运用微笑语时，首先，要自然真挚。只有自然、真挚、发自内心的微笑，才能使人感到亲切、友善，才能感染对方，起到增进情感、融洽气氛、促进交流的作用。其次，要笑得得体。所谓得体，是指微笑的场合、对象要合适。如参加庄严的集会、讨论严肃的话题、参加悼念活动时，就不宜微笑。最后，要控制微笑的"度"。过度的微笑，令人尴尬；出声的微笑，有失涵养；频繁的微笑，令人费解。

三、服饰语、发型及配饰

服饰又可以称为"服装语言"。服饰包括两个方面的内容：一是服装；二是饰物（一般包括头巾、帽子、发卡、项链、耳环、胸花、提包、手套、戒指、手环等）。随着人类文明的不断进步，衣服已经从蔽体御寒进展到了审美的层次。俗话说得好："人靠衣服，马靠鞍"，"三分人才，七分打扮"。可见，服饰是可以塑造人、美化人的。服饰语是直观的人体语言，是人外在形象的重要组成部分，它蕴含的信息量耐人寻味，它直接参与视觉形象的塑造，是一种传递信息的无声的语言，能起到先声夺人的作用。透过一个人的服饰可以不同程度地了解一个人的思想、个性、文化修养、精神风貌和审美情趣，从而展示出一个人的知识水平；同时，穿不同的衣服，也表达出不同的生活态度。例如，在正规场合的主席台上，穿短裤、汗衫就很不得体；在举行葬礼时，就不能穿一身鲜艳的红衣服；下田间劳动时，穿一身西服就很不合时宜。穿着得体既尊重别人，也尊重自己。穿着不得体，就是不礼貌的表现。但现实社会中的一些人，就是不会穿衣服，不知道什么是好看，不知道什么是得体，穿出来的衣服不伦不类，徒让人笑话。

服饰语言在宏观上可以展现出一个地区的政治、文化、经济等方面的现状，在微观上则能透视一个人的心灵与内涵。服饰往往通过衣服的颜色和款式提供给人们信息。经有关研究得出："暖"色，像黄、橙、红等，能刺激创造力，能使人更外向，更愿意与人接近；"冷"色，像黑、灰、蓝等，则发人深省，让人思路通畅，也可以使人不愿说话。服饰展示出一个人的文化品位和职业风范，走在大街小巷，从服饰上大体可看出一个人的身份、职业。当然，着装要看场合，在庄重的场合穿背心、短裤，显然是不文明的。总之，人们要善于运用服饰语言，学会科学分析，正确选择，力求和谐与完美。

大体来说，服装按风格可分为庄重保守的工作装、潇洒随意的休闲装和活泼靓丽的时髦装，按季节可分为冬装、夏装和春秋装，按年龄可分为幼儿装、儿童装、青年装和中老年装，按性别可分为女性服装和男性服装。同时，还可以按民族习惯对服装进行分类。

（一）对穿戴及服饰的一般要求

1. 要符合大众审美的要求

在一般情况下穿戴既不要过分时髦，又不能很没品位，要符合大众的审美眼光。符合大众的审美眼光，就是要具有时代的审美观，同时还要有一定的品位。例如，在正式的社交场合，男性如果上身着迷彩背心，下身穿沙滩裤，戴副墨镜，再配上一根粗粗的项链，就不符合大众的审美习惯，显得没有品位。女性在工作场合不适宜穿超短裙和露脐装。在工作场合的穿戴，大体集中于六个字的要求：庄重、保守、大方。在平时休闲时，就可以穿戴随意一些，做到"典雅、潇洒"。

2. 符合性别角色、年龄和民族习惯

不同的性别角色、不同的年龄段就有不同的审美观念。一般人，要根据不同的角色、不同的气质、不同的年龄段选择穿戴。同时，不同的地域、不同的民族也有不同的着装习惯。例如，男性着装就不宜颜色过多，中老年着装就不宜太暴露，青少年就不宜着正装，中小学生不宜穿豪华名牌装。在一些场合，穿民族服装，可以强调特点，突出个性，令人耳目一新。又如，在江南的一些接待场合，女性可以穿由带有江南特色的印花布织出的格格衫；在云南，则可以穿本民族特有的服装。如果没有明显的地域特点，就穿简洁的职业装，男性穿西服、女性着裙装就可以。不同的民族，也有对不同色彩的偏好。

3. 符合季节转换，符合时空环境

穿戴不仅要和季节相符，不能冬装夏穿，也不能夏装冬穿，还要和所处的时空场相符合。例如，在海南三亚，夏季长久，天气炎热，女性就不宜穿西服长裤，而适宜穿裙装。在冰天雪地的北方，就是在暖意融融的室内，女性也不宜穿过于暴露的低腰裤和露脐装。在一些接待场合，男性着装应庄重大方，而不宜油头粉面、缺少庄重感。

4. 要符合自己的身份，要符合自己面对的人物

穿戴要符合自己的身份，符合自己面对的人物。穿着不能太鲜亮、太张扬。如果接待人员穿着比自己接待的人物还招眼鲜亮那就错了，比自己的领导穿得招眼也不行。男性工作时的正装穿着要庄重、大方，包括领带、衬衣、西服、鞋袜的颜色整体最好为三种颜色，顶多不超过四种颜色，不然着装就太"花"了。皮鞋、皮带要和西服颜色一致或相近，袜子和皮鞋颜色也要相近，不能相差太大。女性工作时可以着裙装，鞋跟不宜过高，不能光腿或穿短袜。

5. 要符合自己的身高和长相

穿衣服要配合自己的身材比例、脸庞、发型、胖瘦、肤色、性别而有所区别，同样的服装，不同的人穿出来，其效果是明显不一样的。选择服装就要根据自己的职业、品位、长相、年龄、身材比例、脸庞等，挑选出最适合的服装，不能人云亦云。比如，现在牛仔裤在年轻人中很流行，什么风格的都有，什么颜色的都有，甚至还有烂裤腿、烂膝盖和大裤裆的。穿上适合的牛仔裤，表现的是年轻人的阳光、靓丽、潇洒和活泼；穿上烂裤腿和烂膝

盖的牛仔裤表现出的是自由不羁；穿大裤裆的牛仔裤表现出的是慵懒。不同版型的牛仔裤适合不同的人穿。比如直筒牛仔裤，它的裤腿从膝盖到裤脚是直筒形状，这种版型能够修饰腿型，适合腿不直或者大腿粗的人，它能让腿部线条看起来更笔直、流畅。紧身牛仔裤则紧紧地贴合腿部线条，能够很好地展现腿部的曲线，比较适合腿部纤细且匀称的人，能凸显身材优势。阔腿牛仔裤的裤腿比较宽大，对腿型的包容度很高，几乎各种腿型的人都能穿，而且它还能营造出一种大气、时尚的感觉。喇叭牛仔裤是从膝盖以下逐渐变宽，像喇叭一样，这种版型可以在视觉上拉长腿部线条，适合小腿比较粗，但是大腿相对纤细的人，它能够转移人们对小腿的注意力。

（二）发型的要求

发型是个人整体形象的重要组成部分，丝毫不比穿戴的要求低。发型同样代表着一个人的审美能力、品位和气质。在家里，自己的发型做成什么样没有多少人管，但在工作场所，那发型就有了审美意义，所以发型要符合要求，小看不得。

在工作场所，男性的头发一般不能过长，以"前不遮眼、后不蹭领、旁不盖耳"为标准，即前面的头发不要遮住眼睛，后面的头发不能蹭着衣服领子，旁边的头发不能盖住耳朵。女性的发型也不能过分时髦，长度以不过肩为宜，不能奇形怪状。发型总体的风格要求是"端庄、典雅、整洁"，不能"慵懒、夸张、时髦"。头发的配饰不能过多，也不能过分张扬。

（三）化妆和配饰的要求

不论男女，工作期间佩戴简单的配饰为宜，如工作牌、身份标识牌，细小的戒指、项链，具有民族风格的配饰等。从审美意义上说，饰品的佩戴和一个人的审美品位、知识水平是密切相关的。一般来说，越是审美品位高、知识水平高的人，佩戴就越精简。

第三节　体态与服饰

服饰是一种"无声的语言"，它不仅反映了穿着者的性别、种族、群体、身份及审美，特定场合穿着的服饰还表达着人们某种价值取向和观念。一般而言，服饰不仅是一种自我的表达，更是社会规约的体现。在它背后，是整个社会的道德伦理价值和权力结构的安排。服饰是一种重要的文化现象，它与人本身的气质、体态语言共同组合成一个人的完整礼仪形象。可以说，服饰所能传达的情感与意蕴甚至不是语言所能替代的。不论在哪个朝代，无论在哪种场合，穿着得体、体态适度的人，总会给人留下良好的印象；而穿着不当、体态不雅，则会损害自身的形象。适当的体态和得体的服饰相得益彰，让人眼前一亮。

纵观我国历代服饰文化，似乎都与身体密不可分，服饰可视为古人身体美学的核心范畴。下面我们以中国古代身体美学思想和文化发展主线为依据，探讨楚服以瘦美为主的整体审美取向，梳理出隐含在传统服饰设计背后的美学思想和发展脉络。

英国社会学家布莱恩·特纳认为，现在是一个"身体社会崛起"的时代，"在艺术、社会科学到生物科学的众多领域里，我们对身体的认知都取得了进步"。在服饰研究领域也开始转型，英国学者乔安妮·恩特维斯特尔表示："衣装、身体和自我不是分开来设想的，而是作为一个整体被想象到的。"从这个意义上来说，服饰史也是身体史，而且应该与身体实践结合起来。不同的时代有着不同的服饰审美风尚，在春秋战国时期，服饰文化也会以当时推崇的身体美为标准来表现。

一、楚人的瘦美风尚盛行

美国学者理查德·舒斯特曼在《实用主义美学》中提出"身

体美学"应当作为一个学科，这标志着身体美学在西方生活型美学中正式登台亮相。身体是一切活动的原点，是一切审美活动的发生场所，身体自身的性质约束审美活动的发生形态。中国传统哲学中，通常将身体放置在抽象的心灵精神等概念下，不同于西方的思维模式，中国传统哲学中的心与身虽然有别，但不是绝对的对立关系。实际上，在中国传统思想中，身体不局限在肉体维度上，其背后还承载着更多的意义。从发展情况看，春秋战国时期，人的身体已成为重要的讨论对象，一些作品开始涉及身体，甚至有一些思想观念从身体中引申出来。从《墨子·兼爱》中的"昔者楚灵王好士细腰，故灵王之臣皆以一饭为节，胁息然后带，扶墙然后起。比期年，朝有黧黑之色"，到《战国策·楚策》中的"昔者先君灵王好小要，楚士约食，冯而能立，式而能起，食之可欲，忍而不入；死之可恶，然而不避"等记载可知，因楚灵王喜欢纤细的腰身，于是楚国大臣们通过每天只吃一顿饭的节食行为来达到楚王的这种特殊的审美效果。而由楚灵王引发的瘦腰之美的风尚，很快影响了楚国的审美风尚。于是，满城民众纷纷通过节食的方法来达到瘦腰的身形，进而也影响了楚服趋于纤细的流行趋势。

由于楚灵王的偏好，"细腰"成为风靡楚国的唯一审美标准。为了迎合楚灵王的爱好，上自官员下至百姓，都掀起了对"细腰"的追捧。"细腰风尚"不仅改变了楚国上下的审美风尚，并且还间接地导致楚国陷入纷争与战乱的危机当中。"上有所好，下必甚焉。"统治者的行为举止会引起上行下效的后果，从而也会影响民风民俗。这些足以证明统治者的个人爱好与言行举止影响了服饰及文化的审美风尚，并给社会风气的形成带来巨大影响，甚至可能影响国家的形象和发展格局。当时的楚服是政治化美学在身体上外化的展示，人们将对美与政治的追求紧密相连，从而形成了楚服的审美趋向，使得抽象的政治权力通过服饰而变得具体化，也让服饰文化带有一定的阶级意义的象征。

二、瘦美风尚下的"楚式袍"

楚国时期的服饰美学实践研究需要从根本上关注楚人的身体，要依托身体美学解构时尚美学实践而展开研究。楚服是流动的楚文化。沈从文曾在《中国古代服饰研究》总结道："楚服特征是男女衣着多趋于瘦长。"先秦楚人"细"和"长"的身体审美，在服饰文化中表现为"细腰瘦长"的楚袍。从出土的文物来看，楚人的身体审美和服饰文化相互影响，并形成鲜明的地域文化特色。楚国处于水乡泽国的南方地区，以水为主的灵动之美影响着楚人的身体审美，纤柔灵动的身体超越了中原文化中端庄敦厚的审美。春秋战国时期，楚人理想的女性身体形象与以《诗经》为代表的北方文化不同，描绘女性的场景从田间转移到了山泽森林中，描写的人物从劳动女性转为项颈秀美、腰肢纤细的舞女或神女。据记载，楚女擅长"弓腰舞"，《淮南子·修务训》中提到鼓舞者"绕身若环，曾挠摩地，扶于猗那，动容转曲，便娟拟神，身若秋药被风，发若结旌，骋驰若骛"，很讲究曲线律动之美，这是非细腰不可的。《楚辞·大招》中提到的"小腰秀颈，若鲜卑只""朱唇皓齿，嫭以姱只""丰肉微骨，调以娱只""嫣目宜笑，娥眉曼只"；《楚辞·招魂》中提到的美女"蛾眉曼睩""靡颜腻理""弱颜固植""姱容修态"。这些语句均描绘出上层社会理想的女性身体形象，即腰身纤细、身姿柔美灵动，展现了南方女性特有的温柔细腻、楚楚动人的身影。

从美学法则来看，纤细的腰身能够拉伸身体的比例，形成修长的视觉效果。先秦楚人对"细"的爱好衍生出"长"的身体审美。现藏于湖北省博物馆的曾侯乙墓出土的大型编钟中，下两层每层三个钟虡都塑造成青铜武士擎着钟架的形象，称作"钟虡铜人"。各武士身材修长，衣长及地，腰身纤细，腰间系有腰带做装饰。在长沙陈家大山楚墓中的《人物龙凤图》帛画中，一位高髻细腰、广袖长裙的贵族女子侧身而立，袖口宽松，细腰长裙曳地，体态优美。在细腰美女的上方，画有一只展翅飞舞的凤和一条蜿蜒向上升腾的龙。画中的女子身穿楚式曲裾袍，领缘及衣衽用黑色织物装饰，描绘的曲裾形制最有特色。衣领、边等部位有宽阔深色的厚实锦缘边，绣有条纹，衣袖为琵琶袖，小口大袖，即俗话说的"张袂成荫"。袍身瘦小，袍长曳地，绣有卷曲纹，曲裾绕于前，腰间用丝织带束缚，曳地裙裾宛若轻柔翻卷的花瓣，与宽博下垂的琵琶袖一起衬托出女性纤细瘦弱的身姿，与人物上方瘦长灵秀的凤鸟和卷曲如"S"形的龙相互呼应，反映出先秦楚人对纤细美的欣赏，也反映出细腰的确属于楚国人审美情趣的范畴。在出土的楚国彩绘木俑和漆奁所绘舞女的服装上，也可以看到曲裾和细腰的特点，而且大多是袍长垂地，这种形制为汉代袍服所借鉴。男女束紧腰身使宽大的长袍显得更为灵动，这一形制应源于春秋时楚灵王好细腰装束的心理。

三、楚服与身体美学的内在关联

楚服追求含蓄、舒缓、内敛之风，是内在精神气质凸显的物化。服装是社会物质生活的重要组成部分之一，不仅有遮羞御寒等实用价值，更能作为传递社会群体审美意识的重要载体，映射出精神世界的品质特性。独特的楚服审美文化亦是民族特性的显现。不同于中原地区服饰文化呈现出来的"狞厉美"，楚地服饰文化流露出浪漫、秀美、灵动之美，极具浪漫主义风格。楚人在楚国建立之初就开始汲取中原文化和当地文化，并逐步创新，兼收并蓄，进而形成独特的形体审美和服饰文化体系。楚民族本着筚路蓝缕的艰苦奋斗精神，吸收融合了当地巫神思想与周边民族的优秀文化，不断延伸楚文化的脉络，锐意创新，积极进取。另外，楚国推崇老庄学派的"尚柔"思想，强调清净虚无、以柔克刚的处世之道，逐渐融入楚国服饰文化中，楚服所流露出的浪漫俊逸与当时的"尚柔"思想相吻合。从《楚辞》中提到的"浴兰汤兮沐芳，华采衣兮若英"，可见楚服文化绽放着奇美、奔放、浪漫的光芒，一如那率真、热烈、浓郁的情感，影响了楚人的审美意识。作为楚文化精神与物质的双重载体，楚服显露在外的是浪漫俊逸的气质，蕴含在内的则是楚人独特的审美志趣。正是楚人浪漫主义精神的绝妙象征，在楚人的穿衣文化上演绎了纤细秀美、形式独特的造型特点。楚国服饰缘边、衣裾及衽部皆以曲线造型为主，深衣具象修身，其"衣裳连属"形制及剪裁的尺度使得整体造型纤长，凸显人体的曲线美。这既是楚人审美意识的流露，亦是楚文化艺术格调的显现。

思考与练习

1. 简要阐释体态语的概念、特点和功能。
2. 体态语的类型有哪些？
3. 简要阐述服饰和体态语的关系。

第三章　先秦服饰与体态表达

【学习目标】

了解先秦时期的服饰发展和服饰文化，掌握先秦服饰与人物体态表达。

【学习任务】

找一个自己喜欢的先秦时期的人物像，分析其服饰特点和体态语。

第一节　先秦服饰发展

先秦时期通常指的是公元前 221 年秦朝建立之前的历史时代。这一时期包括了中国从进入文明时代到秦朝建立之前的各个阶段，主要涵盖夏、商、西周、春秋和战国这几个历史时期。

中国服饰的源头可以上溯到原始社会旧石器时代晚期。那时的先民已能利用骨针将兽皮一类自然材料缝制成简单的衣服，并且用兽牙、骨管、石珠等做成串饰进行装扮，服饰的观念此时已经出现，中华服饰文化由此发端。到了新石器时代，捻线的纺轮出现，这时人们已能纺织葛、麻、丝织物，制作衣、裙、开裆长裤和鞋、靴、帽等。

一、先秦服饰特点

约公元前 21 世纪至前 11 世纪的夏商时期，是中国奴隶社会的确立与发展时期。当时生产力水平低下，物质条件极度匮乏，作为统治阶级的奴隶主拥有社会生产资料和产品，被统治的奴隶不但劳动果实被攫夺，连人身自由也已丧失。奴隶社会这种严重的阶级对立反映在服饰上，就是两者的服饰存在着明显差异：奴隶主服饰质地优良，色彩艳丽；奴隶服饰粗糙低劣，色调单一。个性表现的全部权力完全为奴隶主占有，美成了他们特有的专利。这从商朝后期的都城遗址（通称"殷墟"，在今河南省安阳市境内），以及古墓葬发掘出的大批玉人、石人、陶人、铜人等文物上可以明显看出。

从商代到西周，冠服制度、上衣下裳形制和服章制度开始确立。随着纺织技术的发展，丝麻织物在人们的生活中占据了较大比重。到了商代，人们已经可以制造出精美的绸子。

西周时期崇尚"德"和"礼"，对服饰的影响巨大，因为"礼"对人们的行为规范就包含了服饰方面，统治阶级通过等级制度下的不同服饰款式体现等级制度，并把它当作提醒人们的礼仪符号：不同身份的人穿不同的服饰，同一身份的人在不同的场合又穿不同的服饰。如图 3-1 所示，跽坐人车辖是在河南洛阳出土的西周时期的文物，其设计体现了西周时期服饰的细节和礼仪规范。跽坐人服饰的剪裁、缝纫方式以及穿戴时的规范都体现了对"礼"的追求。此外，跽坐姿势在古代是一种正式的坐姿，表现为两膝着地，上身挺直，臀部坐在小腿肚上。这种坐姿在古代礼仪中有着重要的地位，常用于正式场合，如祭祀、朝见等。

图 3-1 踞坐人车辖

　　周时的首服与服饰都有所改变。首先，此时产生了成年礼，即男子至 20 岁、女子至 15 岁时由家族为其举行成年礼，表示受礼者从此长大成人，在社会和家庭中享有成人应有的权利和义务，同时使受礼者产生责任感。反映在服饰上，从此男子开始束髻顶冠，并给自己起字号；而女子则束发戴笄。其次，反映在服饰制度上，是以首服的样式、颜色区别人的尊卑贵贱，形成了以首服为主要标志的冕服制度、朝服制度，并以象征五纪、五方的青、赤、黄、白、黑为正色。

　　从夏、商和西周的情况来看，尽管创造丰富多彩的服饰文化的是广大劳动人民，但是由于统治的需要，统治阶级建立了一套十分严格的服饰制造和管理制度，从而开启了后世服饰制度的先河。

　　自从原始社会解体以后，服饰除蔽体外，还被当作"分贵贱，别等威"的工具，所以统治者对服饰的生产、管理、分配、使用都极为重视，并建立了一套严密周详的制度。从夏朝开始，王宫里就设有专门从事蚕事劳动的女奴，以满足服饰制作的需求。到了商代，王室更是设有典管蚕事的女官——女蚕，以进一步加强对蚕桑业的管理和控制。到西周，由于"工商食官"制度的完善和发达，在手工业方面，官府设有庞大的官工作坊，从事服饰生活资料的生产。主管纺织的"典妇功"主要负责掌管宫中妇女的纺织工作，包括按照规定将材料发给宫中妇女，从事纺织生产，并核定各人工作的成绩优劣等。《周礼·天官冢宰第一》记载："典妇功：掌妇式之法，以授嫔妇及内人女功之事赍。凡授嫔妇功，及秋献功，辨其苦良，比其小大而贾之，物书而楬之。以共王及后之用，颁之于内府。"总之，夏、商、西周时期，由于社会生产力的发展，与服饰密切相关的农业领域中的蚕桑、麻、葛等作物的生产方式发生了显著变革。这些作物原先或是依赖于原始社会的自然采集方式获取，或是因地域分布不平衡而处于较为落后的状态。然而，随着时间的推移，人们开始采用人工种植的方式，使得这些作物的地域分布渐趋平衡，从而使产量有了较大提高。手工业的发展，也推动了与服饰有关的手工业工具的出现和制作技术的提高。这一切，使得夏、商、西周时期的服饰文化具有实用性和审美情趣，形成了这一时期鲜明的特征。

春秋战国时期，由于周王室衰微，连年战争，西周以来的各种礼仪逐渐被废除。所以，在西周时期与礼仪紧密结合的服饰款式，到这一时期相应地产生了一些变化。尽管这一时期各个诸侯国限于地域传统文化的因承而表现出鲜明的地域文化色彩，但是，从近几十年全国各地出土的彩绘木俑和陶俑来看，当时很有代表性的服饰特点是所谓的"绕衿谓裙"，亦即沿宽边的下身缠绕式的肥大衣服。湖南省长沙市战国楚墓出土的彩绘木俑，多数穿直裾袍，少数穿曲裾袍。袍式长者曳地，短者及踝，袍裾沿边均镶锦缘。从其特点来看，袍的缠绕是将前襟向后身围裹，反映了当时人们设计思想的灵活巧妙，即采取横线与斜线的空间互补，获得静中有动和动中有静的装饰效果。同时，由于制衣的用料十分轻薄，为了防止薄衣缠身，采用平挺的锦类织物镶边，边上再饰云纹图案，这即是"衣作绣，锦为沿"，将实用与审美巧妙地结合，充分体现了设计的科学性和合理性。

二、先秦服饰色彩

从夏、商和西周的情况来看，在当时手工业的推动下，染色已发展成为专门的行业，官府手工业作坊有掌染草的"染人"，《诗经》中提到的织物有多种颜色。前面我们已经指出，在原始社会时期，人们给服饰材料上色的染料，除了赤铁矿，主要是一些自然色彩。到了西周时期，人们已掌握了多种矿物染料，像赤铁矿、朱砂、石黄、空青、石青等。植物染料在这一时期大量出现和运用，靛蓝、茜草、紫草、荩草、皂汁等都被用于染制各种颜色。媒染染料和媒染剂在这时也开始使用。当时，每到春季，奴隶们就在"染人"（工官名）的驱使下将生丝和绸坯暴炼，反复浸晒七昼夜，待到各种染料收获后才开始正式染色。据有的学者研究，西周时，已获得红、蓝、黄"三原色"的染料，并能用它们套染多种颜色。

当时，纺织品达到了相当精细华丽的水平，染料染色技术也已经有所发展。在记载西周初年社会生活的《诗经》中，有不少篇章和内容记载了当时人们养蚕、缫丝、织帛、染色刺绣和种麻、采葛、沤麻、煮葛、织绤的情况。《诗经·豳风·七月》生动地描绘了那时妇女采桑养蚕的劳动情景："春日载阳，有鸣仓庚。女执懿筐，遵彼微行，爰求柔桑。"也就是说，春天里一片阳光，黄莺儿在欢唱。妇女们提着箩筐，络绎走在小路上，去给蚕采嫩桑。《尚书·禹贡》和《周礼·职方氏》均载，冀州的帛和豫州的丝、麻等都是著名的地方特产。当时家家户户都靠妇女纺纱织布来解决衣着问题，并缴纳纺织品作为贡赋。家庭纺织十分重要，《周礼》称为"妇功"，其与王公、士大夫、百工、商旅、农夫合称为国之六职。官府从原料和染料的征集到纺织、练染、缝纫、服装等工序设立了掌葛、掌染草、典妇功、典丝、典枲（麻）、内司服、缝人、染人等专职工官和机构。这些机构"以待兴功之时，颁丝于外内工",或将"麻草之物,以待时颁功而授赍",既及时将生产资料发给做各类工作的女工们进行生产,又于年终对各种物品的收支予以分别结算,即所谓"岁终,则各以其物会之"。

西周时期具有严格的章服制度,服饰制度中的色彩存在着尊卑的区别。以当时的观念而言,青、赤、黄、白、黑为正色,象征着高贵,是礼服的色彩。绀(红青色)、红(赤之浅者)、缥(淡青色)、紫、流黄是间色,象征着卑贱,只能作为便服、内衣、衣服衬里及妇女和平民的服色。统治阶级要按照礼制的种种规定,根据爵位、级别的高低和政事活动的内容,选配相称的服装色彩。为了便于统治者遵循礼制规范,当时在服装材料的纺织、染色和缝制方面,对色彩的采用都是十分讲究的。然而,春秋以后,随着礼乐崩坏,服装的色彩观念也发生了变化。

春秋和战国初期,强大的齐国所掀起的服装色彩观念的变革,也影响到了其他国家和地区,给予了传统礼教以沉重的打击。在这之后的 100 余年间,特别崇尚周礼的孔子在率领一帮弟子周游列国之后,看到人们穿戴的衣服色彩五彩斑斓而大为恼火,还重申他对造成这一变革的始作俑者——齐桓公的不满。《论语》说孔子曾痛恨地说:"恶紫之夺朱也。"春秋时期色彩观念由紫色代替红色的变革,使紫色这种具有稳重、华贵特征的颜色,在以后的中国社会中,受到人们的青睐,被视作权威的色彩。

前两年热播剧《芈月传》中人物服饰色彩斑斓,让人们不禁心生疑惑,两千多年前的古人就已经掌握了如此精巧的印染技术了吗?

确实,春秋战国时期的服饰并不像大家想象的那样灰头土脸,而是有很多明艳的颜色。这在诗歌之中表现得十分突出,比如芈氏的母国南方霸主楚国,衣着服饰的光辉璀璨就常常在楚辞中表现出来。《九歌》中说"华采衣兮若英",五彩缤纷的衣服像花朵一样明艳动人;"红采兮骍衣,翠缥兮为裳",红色的上衣配上翠绿色的下装原来是当时的时尚；还有反过来的，像《离骚》中曾说到"制芰荷以为衣兮，集芙蓉以为裳"，好像要用亭亭玉立的荷叶做上衣，用娇艳欲滴的荷花做裙子，虽然也有人认为这里的"芰荷""芙蓉"指的是衣服上的纹饰，但整体来看，楚国服饰的颜色种类十分多样。

相比而言，楚国出土文物中服饰的颜色就逊色了些，从被誉为"丝绸宝库"的马山一号楚墓中可以看到，像灰白、黄、棕、红棕、紫红、藕色等颜色的服饰，其中红色、棕色、黄色是出现比例最高的颜色，虽不见绿色、蓝色等，倒也符合"楚人尚红"的记载。

三、先秦服饰材料

蚕桑事业在商代有了发展，为丝作为服饰质地的重要材料提供了来源。不仅蚕、桑、丝、帛等字常见于卜辞，而且在青铜纹饰中有头圆而眼突出、身屈曲作蠕动状的蚕纹，在玉饰中有雕琢得形态逼真的玉蚕，这些都反映了当时蚕桑事业的发达。在甲骨卜辞中有"蚕事"的记载，祭祀典礼相当隆重，足见植桑、养蚕也是统治者极为重视的农事活动。

伴随着蚕桑事业发展而来的是丝织业的发达。在一些商代墓葬出土的青铜器表面，经常黏附有丝绸残片或有渗透的布纹痕迹，经过研究可知，当时不仅能织造各种平纹组织的绢帛，而且还采用比较高级的提花技术织成菱形花纹的暗花绸，还有色彩绚丽的刺绣。这种提花的菱形花纹暗花绸，必须有提花装置的织机才能完成。这种织机的出现是以丝织业具有一定的规模为基础的，由此也表明了殷商时代丝织技术的成熟程度。

到了西周时期，畜牧业比重下降，农业作为当时的主要生产部门，由于广大劳动人民的辛勤劳动，得到了进一步的发展。从《诗经·周颂·噫嘻》中所描述的"十千维耦"可见，当时似乎出

现了以两万人同时耕作周王室和大贵族作物的田地。农作物的种
类也有所增多，桑、麻和染料作物种植比较普遍。农具虽仍以石、
骨、蚌器为主，但考古发现的青铜农具，像铲、镐和锄的数量呈
逐渐增多之势。

春秋战国时期，由于周王室的衰微，激烈的兼并战争迫使各
诸侯国变法图强，把发展社会经济作为争雄的前提条件，因而极
大地推动了当时的农业和手工业，乃至商业的发展。作为农业领
域的桑、麻、葛种植业和作为手工业领域的纺织业都出现了前所
未有的繁荣。纺织业在全面发展的基础上，不仅品种增多，而且
出现了许多精品。当时齐、鲁地区先进的织绣技艺，逐渐以和平
迁徙的方式，或以战争掠夺为中介，向其他地区流转、传播。为
了能够具体说明当时服装的用料，我们以文献材料为主，以考古
实物为佐证，对 1982 年在湖北江陵马山 1 号楚墓出土的战国中期
的纺织品分别做专门介绍。

（一）绢

在古代文献中，它既是丝织品的统称，又是丝织品的一种。
绢为纹平素织物，一般经纬不加捻，有的织后经过煮炼，有的经
过捶砑处理，光泽较好，细绢作面料用，粗绢作里子用。从出土
文物看，绢幅宽在 49～50.5 厘米。经纬密度每厘米 60～100 根的
29 件，100～120 根的 12 件，120 根以上的 6 件，最细的达每厘米
经 164 根、纬 64 根。

（二）锦

锦是以彩丝织出各种图案花纹的丝织品，据传唐尧时已有制
作。其素底者曰素锦，朱底者曰朱锦，其不同底者，别名分标。
春秋战国时期，锦的名称多样，包括贝锦、美锦、织贝等。从出
土实物来看，春秋战国时期锦分为二色锦和三色锦，均系经丝起
花的经锦。组织为经两重组织，经密一般高于纬密 3 倍或更多。
每厘米经密 84～150 根，纬密 24～54 根。经丝一般比纬丝粗。有

些锦的经丝加弱捻，个别加强捻。幅宽在 45~50.5 厘米，边宽分别为 0.7 厘米。三色锦质地比二色锦厚实，做衣服面料、衣服镶边料及衾面之用。

（三）绨

绨为平纹素织物。从出土实物来看，由经纬双股合成，加每米约 500 次的 S 捻。经纬密度每厘米为经 80 根、纬 10 根。织物厚度为 0.7~0.8 毫米。除袍用以外，常作鞋面用。

（四）纱

纱又称"沙"。《玉篇·系部》记载："纱，纱縠也。"方孔纱，亦称方也縠，纱之一种，因为其制有方孔，故名；或说纱薄如空。从出土实物可知，纱织物的经纬密度有每厘米经 25 根、纬 16 根和经 17 根、纬 16 根两种。幅宽 32.2 厘米，幅边宽 0.25 厘米。

（五）罗

罗是丝织品的一种，质地轻软，的绞组织品椒眼纹；织作疏松。有生罗、熟罗之分。春秋战国时罗已有不同的品种，出土文物中的实物主要有素罗，为绞纱组织物。经纬丝均加强捻，捻度每米 3000~3500 次，S 捻。经纬密度每厘米经 40 根、纬 42 根，以 4 根经丝为一组，互相纠绞成芝麻形纱孔。幅宽 43.5~46.5 厘米，两边各有 0.35 厘米的平纹边，边经每厘米 142 根。

（六）绮

绮为素底织花之丝织品。织素为纹称绮，织彩为纹称锦。春秋战国时期出土的实物多为彩条纹绮，是以深红、黑、土黄三种经丝相间排成宽 1.3~1.5 厘米的彩条，其中深红、土黄色经丝在彩条区内又分粗细两种，一隔一相间排列。细经平织，粗经在起花时按三上一下的织法织出浮长线，相邻的两根粗经浮长点相同。其余不起花部分平织，纬丝棕色。这种彩条纹绮经刺绣加工后作衣服镶边料之用。

四、先秦服饰制度

章服制度从黄帝时期的萌芽，到夏、商时期有了缓慢的发展。夏代的情况，文献中仅有《论语·泰伯篇》云："子曰：禹，吾无间然矣，菲饮食而致孝乎鬼神，恶衣服而致美乎黻冕。"这句话表明了孔子对大禹的赞美，他说夏朝的实际创造者大禹平时生活节俭，但在祭祀时，则穿华美的衣服——黻冕，以表示对神的崇敬。其余文献材料无从考证，考古发掘中关于这方面的材料也极为零碎，因而我们难窥其全貌。在殷代，从甲骨文和有关考古发掘中，我们可以略知章服制度在这一时期的实际情况。

从安阳殷商墓葬出土的玉俑和石俑来看，当时人的服饰是：头戴帽，腰系带，衣有交领或对襟，贵族前有蔽膝下垂，袖成窄袖，衣上有边和绣纹，同时还可以从俑的衣着上明显看出其等级地位的不同。这些随葬的陶玉俑，从其服饰情况来判断，学者们初步认定包括以下几类不同身份的人。

第一类：奴隶。

第二类：较小的奴隶主，或战败后的俘虏，或待赎取的人质。

第三类：常在大奴隶主身边服侍当差的人和比较亲近的臣妾或供娱乐的弄臣。

第四类：作为当时鉴戒的亡国灭祀的前一代古人。

第五类：大奴隶主或与其有血缘关系的亲属。

上面的区分是从衣着穿戴上来说的：若陶俑手带桎梏，显然是奴隶或被俘的人质；而那踞坐的人身穿精美的花纹衣，头戴冠箍，若不是奴隶主本人，也可能是他们身边的弄臣或是对亡国丧邦有所鉴戒的古人，三者都可能代表酗酒不节、放纵享乐的形象；至于那个头戴高帽、身穿长袍和系了蔽的人物，若不是个小奴隶主，也应该是个地位较高的亲信。这与后来的章服制度把韨、蔽膝视为"权威"的象征，并用不同的质料和颜色来区分等级，可以说是一脉相承的。

从上述安阳殷商墓出土的随葬俑的外观特征来看，殷商时期的服饰式样可以归纳出以下特征。第一，袖小而衣长不到足，头发剪齐到颈后，同时又似有头发被编成辫子之后再盘到头顶。第二，后裙下垂齐足，前衣较短，饰有蔽膝，头上戴尖角帽或裹巾子。第三，短衣齐膝，全身衣服有不同的纹饰，领袖间勾边，平箍帽子或那宽宽的腰间大带都可能是提花织物做成，是权贵者衣着式样的标志。

由此看来，长袍大袖在商代并不同于后世那样是贵族的象征，而华贵的短衣才是贵族们的常服。关于这一点，是与传说中的神农、后稷、夏、禹的形象及在汉代武氏祠石刻中古人的形象是一致的。所以说，短衣是华夏民族服饰固有的式样，从春秋以后，长袍大袖的普遍出现和被人们崇尚，是吸收了其他民族服饰的结果。

殷商时代的服饰虽然我们难知其详，但从有限的材料所反映的形式和内容来看，它为章服制度在西周的确立奠定了基础。

五、先秦代表性服饰

（一）商代衣冠

从出土的玉人等形象上来看，商代男子的发式一般以梳辫为主，形式多样。有将头发上梳到头顶，编成一条辫子，再垂到脑后的；有左右两侧梳辫，辫梢卷曲，下垂到肩上的；还有先将头发编成辫子，然后盘绕在头顶上的。奴隶免冠，着圆领麻布衣，手上戴枷锁；奴隶主戴巾帽（用丝绸布帛做成帽箍式或扁平状，有的还在上面绘有美丽的几何图案），身穿华服。商代女子的发式多上耸而向后倾，上面插有发笄。这种发笄大多是用兽骨做的，也有用竹木、象牙或宝玉等制成的。笄的上端大都刻有鸡、鸟、鸳鸯或几何图案。按照古代礼俗，贵族女子15岁时举行笄礼（就是盘发插簪），表示已经成人，可以结婚。古书上所说的"及笄""笄年"，就是指女子已经成年。据文献记载，这种笄男子同样可以用来簪发，并可因质地优劣而区分人的尊卑贵贱。

商代贵族的服饰颇为考究。在河南安阳妇好墓出土的玉人中，有一个头戴卷筒式巾帽、身着华丽服装的男子。他将长长的辫发盘在头顶，戴一顶饰有圆箍形饰物的冠帽，身着布满云形花纹的交领衣服，腰里系着一条宽宽的带子，带子上端压在衣领的下部，衣长过膝，下身着裳，腹下还佩有一块上窄下宽的斧形饰物，脚上穿一双翘头船式样的翘尖鞋。这展示出当时贵族的形象。

（二）周代礼服

夏商时期属于中国冠服制度的初创时期，还没有形成完备的形制。到了周代（公元前 11 世纪—前 256 年），中国社会由奴隶制过渡到封建制，随着封建制度的确立，中国的冠服制度也逐渐完善，成为统治者"昭名分，辨等威"的工具。为了掌管冠服制度的实施，统治者专门设置了"司服"的官职。对于这项制度，人们只能严格遵守，《周礼·司刑》记载，如果有谁"触易君命，革舆服制度"，就会被处以"劓刑"（割掉鼻子）。

按照周代典章制度的规定，凡举行祭祀大典（包括祭祀天地、五帝，享先王、先公，飨射，祀四望山川，祭社稷等）以及朝会、大婚亲迎等，帝王和百官都必须身穿礼服。

礼服由冕冠、玄衣和纁（一种红色）裳等组成，合称"冕服"。

冕冠，是帝王和百官参加祭祀典礼时所戴最尊贵的礼冠。成语"冠冕堂皇"，就是从冠冕非常尊贵庄重这个意义上派生的。冕冠，包括冕綖、垂旒、充耳等几个部分。冕綖，又称"冕版"，在冕冠的顶部，通常用木头制成，裱以细布，上面涂黑色，下面涂红色，前圆后方（隐喻天与地），前低后高，呈倾斜状，以表示俯伏谦逊；冕綖前后垂有旒，名垂旒，用五彩丝条作绳，上穿五彩圆珠，一串珠玉为一旒。帝王冕冠前后各 12 旒，用玉 288 颗，以表示王者不视非、不视邪。后世"视而不见"一词即由此演绎而来。

冕綖下面是冠，古称"冠卷"。因为是用铁丝、漆纱、细藤等编织成圈，故得名。冠两旁各有一孔，用来穿插玉笄，与发辫拴结。另在笄的一端，系上一根丝带（名冠缨），从额下绕过，再系在笄的另一端，以固定冠。在两耳处，还各悬垂着一颗珠玉，名"黈纩"，又名"充耳"或"瑱"。据说这有提醒帝王应有所不闻、不听信谗言的意思。珠玉在帝王行走时，会不断晃动，轻轻敲打帝王的耳部，以警醒其对谗言充耳不闻。

冕冠又分为大裘冕、衮冕、鷩冕、毳冕、希冕、玄冕六种样式，合称"六冕"或"六服"。它们名称有别，功用和形制也不同。大裘冕是帝王祭天的礼服，衮冕是帝王祭祀先王的礼服，鷩冕是帝王和贵族祭祀先公、行飨射典礼所着礼服，毳冕是帝王和贵族遥祀山川的礼服，希冕是祭祀社稷的礼服，玄冕则专用于小型的祭祀活动。

按照礼仪规定，凡戴冕冠者，必须身着冕服。冕服的质地、颜色和图案不同，有等级的区别。如帝王冕服的玄衣是用黑色材料做成的上衣，纁裳是用浅红色材料做成的下裳。上衣绘有日、月、星辰、山、龙、华虫等六种图案，下衣绣有宗彝、藻、火、粉米、黼、黻等六种图案，合称"十二章纹"。它们各自代表一定的意义。日、月、星辰，表示天子照临天下，像日、月、星辰那样光耀；山，象征王者镇重安定四方；龙，象征人君善于应机变化；华虫（一种雉鸟），表示王者有文章之德；宗彝（一种礼器），表示人主威猛而有智慧；藻（水草），表示洁净，象征王者有冰清玉洁的品格；火，表示王者率领百姓归顺天命的意思；粉米（白米），象征人君有济养众生之德；黼，画作斧形，表示王者善于决断；黻，是相背的形象，表示王者善于明辨是非曲直；等等。总之，这一切都隐含有规劝人君的意思，同时也标榜君德的至高无上。

帝王在最隆重的场合穿绘有十二章纹的冕服，其他场合则视其重要程度而递减章纹，大体与冕旒的数目相应。如冠用九旒，则冕服用七章；冠用七旒，冕服则用五章；等等。另外，帝王在最隆重的场合还要足着赤舄履（一种用绸缎缝制而成、装有防潮木底、系带的红色鞋子）。在其他场合则要穿白色或黑色的舄。诸侯、卿大夫随同帝王参加祭祀大典，冕服所用章纹要随帝王所用章纹多少而递减。如帝王用十二章纹，公卿只能用九章，侯伯只能用七章，以此类推。

冕服还有一些附件：一是"韍"，即蔽膝，系在革带上面，垂至膝前，象征古代遮羞布，以表示不忘古的意思；二是"革带"，用皮革制成，用来系带和绶；三是"大带"（又称"绦带"），用丝织成，用来束腰，下垂部分叫"绅"。后世因此而称有地位的人为"绅士"。此外还有"佩绶"和舄等。冕服历代相沿，虽然不断有所变革，但大体形制并未更易，始终被作为传统的法服。直至清朝入主中原，冕服制度才被废止。

除冕服外，周代还有一种叫作弁服的礼服。它仅次于冕服，就是最早的朝服。据说因头上所戴为弁，故称。弁有爵弁、皮弁、韦弁、冠弁等多种形制。爵弁，又作"雀弁"，是仅次于冕的一种首服。它是士的最高等服饰，形制像冕，但冕綖没有倾斜之势，前后也没有旒。戴爵弁者，须上穿纯衣（丝衣，即玄衣），下着纁裳，但不加章彩文饰。皮弁，为天子接受诸侯朝觐或诸侯在朝及田猎等场合所戴。形状像翻倒的杯子，用白鹿皮缝制而成。在缝合处，缀有一行光闪闪的玉石，像星星一样耀目。韦弁，用茅蒐草染成的赤色熟皮制成，主要用于军事场合。执行军事任务时，需戴赤弁，着赤衣、赤裳。冠弁，通称"皮冠"，为田猎和习兵事时所戴。戴冠弁者，须上穿缁布衣，下着积素裳（打褶的、用白色无纹丝织物制作的下裳）。《左传·昭公二十年》载：有一次齐侯在沛泽田猎，传令召见虞人（管理山泽的官吏）。虞人起初并未应召，后见齐侯戴起冠弁才进见。可知，不着冠弁是有违古礼的。虽卑微如虞人的小吏，也应以礼相待，不可轻侮。

周代还有一种叫作"玄端"的朝会之服。上自天子，下至于士，均可穿着。它大多用黑色布帛裁制，衣袂和衣长同一尺寸，无章彩纹饰，形制端庄方正，故名玄端。和玄端配套的首服是"委貌冠"。委貌冠与皮弁造型相似，用黑色绢缯制作。

王后的服饰也有一定制度，共有袆衣、揄翟、阙翟、鞠衣、展衣、褖衣等六种（见《周礼·天官·内司服》），都属于连衣裳。这六式衣服之所以不分上下，据说是意在表示女子的崇尚专一。前三种是王后伴随帝王参加各种祭祀大典时所穿的礼服，上面均画有翟（长尾雉鸡）形图案作为装饰，但颜色有玄、青、赤之别。鞠衣，是王后在养蚕季节到来时，用以祭告先帝所穿的黄绿色（如初生桑叶之色）礼服。展衣，又名襢衣，是王后礼见帝王、宴见宾客时所穿白色礼服。褖衣则为平日所穿黑色便服。在穿着这些服装时，为显示它们各自的色彩，还要衬以素纱。此外，王后在最隆重的场合还要以"副"（像汉代的假髻步摇）为首服，足着黑舄。至于其他贵妇的服饰，也定有具体制度，严格体现着等级差别。

（三）周代常服

周代男子二十而行冠礼，即开始头戴冠帽，很少光头。不戴冠帽被认为是非礼和不敬，非士君子之所为。有些士人甚至把正冠视为生命。《左传·哀公十五年》就记载了这样一件事：卫国发生内乱，孔门弟子子路在拒敌时冠缨被砍断。在这性命攸关的危急时刻，子路竟说："君子死，冠不免。"他竟放下兵器而结缨，结果被对方乘机杀死。

当时的冠帽除帽箍形之外，还有平形、尖形、月牙形及中间突出而两边翻卷等式样。大抵低而平的是普通人戴的，高而尖的是贵族阶层人士戴的。周代女子仍保持着辫发的发式。有将辫发绾成一个大髻，垂在脑后的；有将头发编成两条辫子搭在胸前的；也有在梳好发辫之后，另在辫梢上衔接一段假发，使其下垂至膝的。

周代服装的主要形式是上衣下裳制，适应当时家具陈设简单，通常赤脚席地跪坐，外出则乘坐马车等生活条件，仕宦的衣服样式比商代略有宽松。衣袖有大、小两种式样，衣领一般用矩领。衣长大多到膝盖。在衣领和袖子边缘，有不同的花纹图案。衣用正色（青、赤、黄、白、黑等原色），裳用间色（两个以上正色调配而成的多次色）。

这个时期的服装还没有纽扣，一般在腰间系带。腰带仍然有两种：一种是用丝织物制成的大带（绅带）。官员上朝时，可以作插笏（记事的手板）之用。古人常说的"缙绅"，意思就是把笏插在带间。到后世，"缙绅"逐渐演变为仕宦的代称。一种是用皮革制成的鞶革（或称"鞶带"），作系或悬挂佩饰之用。到了春秋战国时期，由于胡服的日渐流行，革带用途更为广泛，形制也愈加精巧。带上镶嵌着许多金银珠宝，带两端也用带钩连接起来，成为"钩络带"。它结扎方便，逐渐取代了绅带。

这个时期的衣服样式主要有四种：直裾单衣、曲裾深衣、襦裙、胡服。

直裾单衣是当时流传很广的一种服装款式。在湖北江陵马山砖厂一号楚墓出土的战国中期的文物中可以看到其形制。它一般用正裁，即前身、后身及两袖各为一片，每片宽度与衣料的幅度大体相符。它的特点是右衽、交领、直裾，衣身与下摆均呈平直状，没有明显的弧度，领、袖、襟、裾都有一道边缘，袖端边缘大多用两种颜色的彩条文锦镶沿。它的质料有绢、罗、锦、绦、纱等多种。有的还在衣身用彩色丝线绣上猛虎、凤鸟、小龙等动物图案。

曲裾深衣，有人称之为"绕衿衣"，是春秋战国时期出现的一种上下相连的服装款式。它简便适体、用途广泛，为社会各阶层人士（不论贵贱男女、文武职别）所喜。它除上下连缀外，另一个特点是续衽钩边。这种服装款式改变了传统的在衣服下摆开衩的裁制方法，将左面的衣襟前后片缝合，后片加长（"续衽"），使它成为三角形，穿时绕到身后，再用腰带系扎。另在领、袖等主要部位缘一道厚实的锦边（"钩边"），以便衬出服装的骨架。它多用轻薄柔软的质料裁成。这种深衣的样式，在湖南长沙和湖北云梦等地出土的男女木俑及帛画上可以看到。

襦裙本是春秋战国时期中山国流行的一种服装款式。襦是一种短上衣，长至腰间，紧身窄袖；裙是裙子，由多幅布制成，上面多织有方格化纹，常与襦配穿。这种款式对后世中原地区汉族服饰的发展颇有影响。

胡服是北方少数民族的服装。这种服装与中原地区褒衣博带式的汉族服装差异较大。它一般由短衣、长裤和高筒靴组成，适应四处游牧的生活习俗，以衣身紧窄，左衽，下着满裆长裤，便于从事射猎、放牧为特点。自从公元前 325 年赵武灵王力排众议"易胡服"，胡服便渐渐流行开来。

周代王公贵族所着衣裳，一般都是用优质的丝绸制作的。平民百姓所穿则多为以兽毛或葛麻搓捻成线编织而成的褐衣。《诗经·豳风·七月》所说"无衣无褐，何以卒岁"正道出了当时劳动人民忧心忡忡的凄苦情状。后世用"褐夫"一词作为平民百姓的代称，也是从这个意义上引申出来的。

佩玉为饰早在商代就已成为一种时尚，这从商代陵墓发掘出的大量形制丰富、制作精美的玉器佩饰上可以得到力证。到了周代，人们更赋予玉器种种神秘的道德色彩，于是上自天子，下至士庶，无不习尚佩玉（称为"德佩"），并以玉的色泽来区分身份和等级，有所谓"天子佩白玉，公侯佩山玄玉，大夫佩水苍玉，世子佩瑜玉，士佩瓀玟（似玉的美石）"之别。玉的造型不同，佩在身上的寓意也不一样。如《荀子·大略》所说："聘人以珪，问士以璧，召人以瑗，绝人以玦，反绝以环。"玉佩除单独使用之外，还有组佩，即将若干件不同造型的玉佩用彩线穿组成串系挂在腰间。而在组佩中，最为贵重的是用于祭祀等重大场合的大佩（具体形制说法不一）。挂上大佩，行走起来，由于玉器的相互碰撞，会发出悦耳的铿锵声响。人们用此来节制步履的缓急，以体现对礼俗的尊重。这就是古人所乐道的"鸣玉而行"。此外，当时人们还常在腰侧佩挂刀、削、镜、巾帨、印章等实用物品（称为"事佩"）。

（四）周代鞋履

周代的鞋履除上面提到的舄之外，还有履、屦、屣、鞋、靴等形制。履是鞋的总称。凡作为礼服的鞋，均可称为履。舄是履中最尊贵的，通常用葛布或皮革等材料作面，用布或木料制成双层底，以颜色区别等差。屦是一种用麻或葛等材料制成的薄底便鞋，一般为官宦家居时所穿。官宦外出时则穿屣，是一种用营草或棕麻等编成的鞋，以轻捷、便于走路为特点。《孟子·尽心上》所说："舜视弃天下，犹弃敝屣也。""敝屣"指的就是破草鞋。鞋，是一种装有高帮的便履。有的用皮革制作，有的用丝或麻制成。靴是高筒的皮履。它源于西域，是胡服的一个组成部分，最早由战国时的赵武灵王引进。它适宜于乘骑，利于小腿部分的保暖，长期用于军旅。按照当时的礼俗，臣下见君主时，必须先将履袜脱掉才能登堂，不然就是失礼。《左传·哀公二十五年》就记载有这样一个故事：一次卫国君主与诸大夫饮酒，褚师声子未脱袜就登上了席子。卫侯见了大怒。褚师声子辩解说，自己脚上生了疮，怕让君侯看见恶心。卫侯听后更加生气。褚师声子惧怕责罚，只好赶快逃走。

（五）周代戎服

为了保护自己，消灭敌人，人们基于长年征战攻伐经验的积累，发明了专门用于护体的服装，这就是戎服。它主要由两部分组成：用于保护头部的叫胄，又称"首铠""头盔""兜鍪"，用于保护身体的叫甲（有肩甲、胸甲、腿甲等）。

周代的戎服也有其特色。周代以前，士兵的战甲多用犀牛、鲨鱼等动物的皮革制成，上面绘有彩色图案。周代除沿用皮甲外，已出现"练甲"和"铁甲"。练甲产生稍早，多用缣帛夹厚棉制成，属于布甲一类；铁甲出现于战国中期，因为它颜色黑，又称"玄甲"。它的前身是青铜甲（一种简单的胸甲。甲的四周有孔，可以钉缀在皮甲或布甲之上，与之配合使用）。从河北省易县燕下都遗址 44 号墓出土的实物来看，当时人们已知道用铁片制成鱼鳞或柳叶形甲片，穿组连缀成甲衣，以便于四肢活动，有效地抵御敌人的攻击。也有在甲外身披外衣（名"衷甲"）的。

兜鍪有几种形制。有用小块铁片编缀成一顶圆帽的，有用青铜浇铸成各种兽面形状的，有的还在铜盔顶端竖起一根铜管，用来插鹖尾、鸟翎等饰物。它们表面都经过打磨，比较光滑，但里面多粗糙不平。因此，头戴兜鍪必先裹上头巾。古代礼俗，在战场上，士兵见长官时要"免胄"，否则就会被视为不敬。

第二节　先秦服饰文化

中国素有"衣冠古国"的美誉。在漫长的历史长河中，中华民族孕育了璀璨的服饰文化。对于一般的历史划分者来说，先秦时期就是指秦代之前的夏、商、西周、春秋和战国这几个历史时期。先秦时期是我国从原始社会进入奴隶制社会的历史剧变期，也是我国服饰文化的奠基时期。公元前 21 世纪，夏王朝建立，奴隶主开始把服饰作为"礼"的内容，"分贵贱，别等威"，中国服饰制度初步形成。

公元前 16 世纪，中国社会步入商王朝，朝廷内出现了专司服饰的官员，中国服饰发展的基础基本奠定。

公元前 11 世纪，随着周王朝的建立，统治阶级制定了一套非常详尽周密、趋于完备的冠服制度来规范社会，安定天下，巩固帝国统治。

从夏王朝的形成，到商王朝的发展，再到周王朝的完备，中国服饰一步步走向成熟，在这个过程中，我们可以从服饰材料的变化、织绣技术的发展和染绘技术的进步等方面来一窥我国服饰早期的形态，了解先秦时期的服饰文化。

一、先秦服饰文化的主要影响因素

夏代经济以农业为主，当时的劳动人民使用一些比较原始的工具，发挥他们的勤劳和智慧，平治水土，发展农业生产。不过，二里头文化遗存中出土的青铜铸造的刀、锥、锛、凿、镞、戈、爵等工具、武器和容器，以及同时发现的铸铜遗址及其出土的陶范、铜渣和坩埚残片，反映出当时手工业已从农业中分离出来，不仅制石、制骨、制陶等新石器时代传统手工业已经从农业中分离出来，而且还产生了一定规模的青铜冶炼、丝织、木作、髹漆、琢玉等门类的手工业。手工业内部已经出现了明确的行业分工和专业技术分工。这一切，对服饰的演进无疑具有极大的推动作用。

正是在夏代农业、手工业分工出现并较原始时代有了较大发展的基础上，服饰出现了前所未有的盛况。《管子·轻重甲》记载："昔者桀之时，女乐三万人……是无不服文绣衣裳者。"《帝王世纪》也称："末喜好闻裂缯之声而笑，桀为发缯裂之，以顺适其意。"这些文章一方面反映了夏代奴隶主贵族享用丝织品的奢华生活，另一方面也说明了夏代丝麻纺织手工业已有相当大的发展。

农业生产的发展，特别是桑、麻和染料作物种植的增多，给手工业，尤其是服饰的生产提供了前提条件。由于西周实行工商食官制度，手工业工匠和商人都是官府的世袭奴隶，所以不仅私营手工业继续存在，而且还出现了官营手工业。正是在这种手工业的官私分野和统治者采取了一些优待手工业工匠政策的情况下，西周的手工业在商代的基础上继续发展，并取得了更大的成就，生产的领域、种类、产地得到扩增，主要行业有青铜器铸造、制陶、丝麻纺织练染、制骨、制玉、皮革加工、酿酒、漆器、木作、造车、造船和建筑。以与服饰密切相关的纺织业而论，纺织业已成为当时社会的重要生产部门和官府财政收入的重要来源。布帛与黄金、铜币一样被法定为交换手段，在社会上流通。需要指出的是，西周时期的桑蚕丝织业主要集中在黄河流域，特别是以洛阳为中心的河洛地区和以今天西安为中心的关中地区。丝织品除罗、帛、绖、缟、绢、绮、纨、缯等以外，还出现了各种色彩的提花锦和刺绣。刺绣技术已很娴熟，所用辫子股针法流传后世。但锦绣服饰在当时还是一种奢侈品，产量较少，仅供贵族享用。

东周（春秋战国）时期，服饰领域中的制作技术、设计思想和款式表现等方面与夏、商、西周时期相比，都有了长足的发展和进步。春秋战国时期，随着礼制的崩溃和社会思想的活跃，装饰艺术风格便由传统的封闭式走向开放式，造型由变形走向写实，轮廓结构由直线主调走向自由曲线主调，艺术格调由静止凝重走向活泼生动。商周时期的矩形、三角形等几何骨骼和对称手法在春秋战国时期仍继续运用，不过此时已不受几何骨骼的拘束，往往把这些几何骨骼作为统一布局的依据，但并不作为"作用性骨骼"，即图案纹样可以根据创作意图超越几何框架的边界，灵活处理。

到战国时期，镶嵌的纹样由兽纹和几何形花纹发展为描绘社会生活的复杂画面，也可以说是嵌出的剪影式的图画，内容有规模盛大的宴乐、射礼、采桑以及战斗图像。再以湖北省江陵马山砖厂和湖南省长沙烈士公园战国时期楚墓出土的刺绣纹样为例，除龙凤、动物、几何纹等传统题材外，开始出现写实与变体相结合的穿枝花草、藤蔓纹等具有时代特征的新题材。穿枝花草、藤蔓与活泼浪漫的鸟兽动物纹相互穿插结合。穿枝花草和藤蔓顺着矩形、菱形、对角线等图案骨骼铺开生长，起到"非作用性骨骼"的效果——虽处于既定规矩与框架内，却无呆板之感。它们穿插自如，有的沿骨骼线反复连续，有的在图案中转折隔断，有的左右对称连续，有的上下对称连续，还有的按上下或左右错开 1/2 位置做移位对称连续。如此一来，穿枝花草既作为装饰图案，又仿若充当骨骼。在枝蔓交错的大小空位中，则以鸟兽动物纹填补装饰。至于动物纹样，造型上通常头部写实，身部则经作者简化处理。有的动物纹样直接与藤蔓融为一体，有的彼此相互蟠叠，有的写实形与变体形并存，有的由多种或多个动物组合成一体，还有的动物体与植物体共生。创作者运用丰富多样的形式，将动植物变体与几何骨骼巧妙结合。这一切反映了春秋战国时期服饰纹样设计思想的高度活跃和成熟。此外，几何纹也很流行。从服饰的纹样来看，春秋战国时期，特别是战国时期，与前代相比，图饰不仅日趋繁盛，而且象征意义也越来越明显。具体而言，当时最为流行的龙凤纹样和图饰，既寓意宫廷昌隆，又象征婚姻美满。几千年来中国传统文化将龙凤作为吉祥之物，大约起源于此。除了龙凤，在当时的图案纹样中，鹤与鹿、翟鸟、鸱鸺（猫头鹰）都是刺绣中的常见之物。而鹤与鹿象征长寿，翟鸟是后妃身份的标志，鸱鸺象征胜利之神。如此种种，有的与今天这些动物图案的象征意义一脉相承，从而表现出中华文化的源远流长。

二、礼治背景下的先秦服饰文化

中国是举世闻名的礼义之邦，儒家自古倡导礼治。曾国藩云，治国以礼为本，"内之莫大于仁，外之莫急于礼"。梁启超先生用"中国重礼治，西方重法治"作为中西文化的根本差异。钱穆亦云："中国的核心思想就是礼。"早在先秦时期，服饰即已成为礼治的重要元素之一，深刻影响着中国文化的走向。

（一）丝与礼的顶层融汇

中国人十分强调精神层面的进步，人学会穿第一件衣服的意义，要比学会打制第一把石斧重要得多。在中国文化中，人与禽兽之别的主要标志，一是服饰，二是礼仪。人有耻感，遮羞是人类群体意识的重要觉醒，从此懂得男女之别，进而发展为家庭婚姻的理念。穿上衣服，按照礼（理性的行为规范）的要求生活，使得人与禽兽做了彻底的切割。上古时代文明初开，民众以饱食暖衣为主要追求，纺织是全社会的基本活动之一。《后汉书·舆服志》描述先民追求服饰制作进步与完美的嬗变之迹：上古穴居而野处，衣毛而冒皮，未有制度。后世圣人易之以丝麻，观翚翟之文，荣华之色，乃染帛以效之，始作五采，成以为服。见鸟兽有冠角䱐胡之制，遂作冠冕缨蕤，以为首饰。"穴居而野处，衣毛而冒皮"，表明人类尚未脱离动物性与原始性。"易之以丝麻"，表明纺材的重大革新，由此催生了脱胶、柔化、纺织、编织、裁剪、缝纫等工序，材料经过二次、三次加工，衣服更为合体、舒适。采撷"翚翟之文，荣华之色"，即雉鸟、花卉的绚丽之色，制作五彩衣服，仿照鸟兽的"冠角䱐胡之制""作冠冕缨蕤"，表明先民审美意识有重大进步。而衣冠制作开始有"制度"，则是服饰进入文明体系的重要标志。需要特别指出的是，蚕桑业的崛起令中国纺织业大放异彩，成为我国文明极具代表性的标志。迄今所见年代最早的丝织品实物，是浙江吴兴钱山漾遗址出土的丝线、丝带、绢片等家蚕丝织物，距今约 4700 年。蚕丝的发明，让先民掌握了一种无与伦比的精美纺材，其轻柔、纤细、光鲜的特质，催生了精细的丝绸制作工艺，激发了服饰制作中的审美意识，使中国在世界纺织领域登上巅峰，极大地提升了中华文明的高度。先民在追求服饰创新的同时，思想世界也在酝酿着革命。武王克商，推翻纣王暴政，周人开始意识到"德"乃是长治久安之本，"古之所谓国家者，非徒政治之枢机，亦道德之枢机也"①，周公制礼作乐，旨在"纳上下于道德"，将道德建设落实在礼乐制度上，"周之制度典礼，乃道德之器械"。"君子"，乃是修身进德之楷模，温良敦厚，典雅庄敬，举国称颂，万民作则。中国丝绸堪称人类物质生产的经典之作。身着丝绸服装的中国人向世人展示了追求美好生活的形象；"礼"，则是中国率先进入人本主义时代的标志，人们以礼相处，以敬待人，追求深层次的社会和谐。以"华"与"夏"构词，彰显丝绸之美与礼仪之雅已然交融，外在的华丽服饰与内在的君子之德完美结合，以此作为中华文明最具代表性的顶层标志，尤为贴切。研究中国服饰文化，不能不溯源于此。

（二）服饰与"成人"

儒家文化以"人"为核心，将人的道德成长作为人生与社会进步的基本命题，即人如何通过修为，从生物学意义上的人成长为道德理性意义上的"完人"。在全社会整体达成这一目标绝非易事，除读书明理、修身以礼之外，尚须调动诸多因素，服饰便是其中之一。在儒家看来，服饰对人的心理与行为有直接影响。毋庸赘言，好穿奇邪之服者，内心很难产生自尊自律的意识，以及接受公共规范约束的意愿。反之，服饰端庄，有利于唤醒内心正向的情感。故凡斋必定沐浴，浴毕则穿布制的明衣，以示身体明洁。君子立身，追求内外兼修、坐立行走、言谈举止，由表及里，

---

① 王国维：《观堂集林》，中华书局 1959 年版，第 475 页。

紧密关联。服饰为君子直面社会的具象体现，与之匹配的，为容貌、辞令、德行、行为等，环环相扣。《表记》有云："是故君子服其服，则文以君子之容；有其容，则文以君子之辞；遂其辞，则实以君子之德。是故君子耻服其服而无其容，耻有其容而无其辞，耻有其辞而无其德，耻有其德而无其行。是故君子衰经则有哀色，端冕则有敬色，甲胄则有不可辱之色。"身穿君子之服，则必有与之相应的君子容色；有君子的容色，则辅之以君子的文辞；有君子的文辞，必然会以君子之德充实内心。君子以"服其服而无其容""有其容而无其辞""有其辞而无其德""有其德而无其行"为耻。在特定场合，身穿有特定内涵的礼服，可以直接调动内心的情感：君子服丧，身穿衰经，则一定有哀恸之色；端冕立于朝，则有庄敬之色；身穿甲胄，则有不可辱之色。担负领导民众重任的"长民"者，要有正面形象，衣服应符合规范，不得轻易变换，举止从容而有其常度，以此影响民众，使道德统一。《小雅·都人士》称在幽王之前的明王执政之时，都邑之人有士行者，着此"正衣"（狐裘黄黄）。庶人有士行，"其容不改，出言有章"，行为皆归于忠信，为万民所景仰。在某种意义上，穿戴既定的服饰，既是责任，也是权利。对于不听从教育，犯有过错而又达不到入狱、受刑程度的人，可处以"耻刑"（名誉刑），方法之一是在其服饰上添加丧服的标识。《玉藻》称，"垂缕五寸，惰游之士也。玄冠缟武，不齿之服也"。《周礼》称"惰游之士"为"罢民"，即不务正业、好吃懒做之人。古代公众活动以年齿为序，但凡行恶悖逆之人，使之服"垂缕五寸"或"玄冠缟武"，因是丧服之饰，故不得与众人序齿，被排除于社会生活之外。

常人对服装的敬重之情，从小培养，逐日养成。《礼记·内则》指出，为人子女者，每日清晨起床后，即要一丝不苟地完成冠服以及配饰的穿戴，盥、漱、栉之后，用称为"縰"的帛韬发；用称为"总"的锦束发，多余的部分作为装饰往后垂。用"髦"

掸去灰尘，戴冠，系好缨带上的饰物"绥"，然后穿上玄端服，再用名为"绅"的大带束腰，将记事用的"笏"板插在绅带内。上述动作紧密衔接，设计合理，不得颠倒、缺略。如此规范，举世罕有其匹，旨在培养严谨的人生态度，不如此，则不得面对社会、面对新的一天的生活。

中国服饰文化之讲究，体现在设计上处处有寓意，朝服、官服自不必说，即如童子之衣服，看似简单，背后自有深义在。《玉藻》云："童子之节也，缁布衣，锦缘，锦绅并纽，锦束发，皆朱锦也。"童蒙幼稚，体能与智能均不足以自立，其服饰自当质朴，不尚浮华，不求名贵，故用缁布制作，形制简单。如成人所穿鞋屦之头部有"絇"作为装饰，童子的屦头则免了这一装饰。然而儿童正在成长，日趋成熟，若一味简略单调，则失之偏颇，故童子衣服之边缘、绅带以及鞋子的絇带之纽，都用朱色的锦作为装饰，束发用的"总"直接用锦；凡此，意在表达童子将来义德灿然。缁布衣的设计，含有一文一质之义。此外，儿童衣服的设计更蕴含养生之道。童子元阳充盈，而裘、帛之衣大过温热，为避免伤其阳气，故规定童子不得衣裘、帛。《内则》亦云，童子在十岁时外出求学，居宿于外，依然要恪守"衣不帛襦袴"的规定。要到二十岁成年后，方始"可以衣裘帛"。

周代服饰体系之广大，几乎覆盖社会生活的所有方面。若不熟悉，不仅容易穿错衣服，而且难以了解礼的真谛，故学习服饰知识乃贵胄子弟的必修课。

第三节　先秦服饰体态

前文中我们已经提到，体态语有狭义和广义之分。狭义的体态语是指人们通过表情、手势、体态等形体动作来交流思想、表达情感的一种辅助性言语交际方式。广义的体态语不仅包括狭义的体态语，还包括交际者的服饰、发型、装束等主体形象语言，是指以表情、眼神、手势、身姿、服饰等为媒介的一种重要的非语言交际方式。古人的体态（行姿、坐姿、站姿等）与现代人有很大的区别，除了受制于森严的等级制度和礼仪制度，也与不同时期的发型、服饰有很大的关系。

一、先秦时期的发型与体态表达

自古以来，头发便被认为是父母精血的结晶，是人体非常重要的一部分，不得轻易损伤。古代男女老少皆有蓄发习俗，蓄发不剪，便需要用物品将其固定，于是，为了满足实用性及审美的双重需求，各种发型与发饰应运而生。发饰是头部最显眼的装饰品，属于服饰文化的一部分。服饰文化本就与等级制度、民族礼俗息息相关，发型与发饰既是精神面貌的外在表现，又被赋予了强烈的道德意义。发型与发饰除了反映一个时代的审美意趣，从一定程度上折射出经济发展状况、社会风俗及伦理制度，还呼应人的体态表达，使得古人在不同场合、不同语境下的表现更加得体。

（一）披发

根据目前出土的实物和各种文献记载，在原始社会后期，人类的发型主要有披发和辫发两种。披发亦称 "散发" "被发"，指把头发留下，修剪成一定的形状，不借助任何工具，自然地垂落于肩颈之上。披发是我国古代先民最古老的发型之一。《山海经·海外西经》中就有关于披发的记载。除了文献记载，考古现场也时有发现。甘肃马家窑文化半山类型的三件陶塑彩绘人头器盖，其发型呈现出 "脑后平齐不及颈" 的特点，前额上部有两个角状凸起，可加装饰。这种披发的样式类似于我们今天的齐耳短发，从当时的审美角度来看，显得非常时尚。

（二）辫发

随着中原地区生产力的发展，原始农业和饲养业逐渐取代狩猎和采集，成为主要的生产方式。人们在生产和生活中，越来越感觉披发不方便，而且会显得人的四肢粗壮，影响整体形象，因此开始束发，或垂于脑后，或盘在头顶，用东西固定，辫发、挽髻等发型相继出现。

辫发也叫作"编发"，也就是将头发分为数缕，然后结成辫。1973 年，青海大通出土马家窑文化舞蹈纹彩陶盆。整幅画面由三组人物组成，每组五人，等距排列，携手作踏歌舞蹈姿态。由于绘画者采用了抽象的平涂技法，画面呈现出剪影效果，人物的面目、神情及服装细节无法看清，但每人脑后垂下的一根短辫，却能看出一二。

这种辫发样式在商周时期仍然很流行。河南安阳殷墟妇好墓出上的一件玉人，其双手抚膝跪坐，头发全部盘梳于头顶，长度不过颈，整个形象就像戴了一顶帽子。将头发编起来，能清晰地显示人的脸部轮廓，使人看起来神采奕奕，适合正式和庄严的场合，能够很好地提升一个人的气质。

（三）发髻

发髻是将头发挽束起来盘在头顶或垂在脑后的一种发式。这种发式起源于何时，目前仍没有统一的看法。大多数文献记载都倾向于认为它是传说中燧人氏时期的产物。如唐人刘存《事始》引《实录》："自燧人氏而妇人束发为髻。"段成式《髻鬟品》中提道："髻始自燧人氏，以发相缠而无系缚。"宋人高承《事物纪原》引《二仪实录》曰："燧人氏妇人束发为髻。髻，继也，言女子必有继于人也。但以发相缠，而无物系缚。"明代罗颀《物原》指出："燧人始以绳束发为髻。"清代汪汲《事物原会》曰："妇人束发为髻，自燧人氏始，实（时）无物系缚。"

目前发现的时代较早的发髻实物之一，应该是 1972 年在甘肃灵台白草坡西周墓出土的一件盘髻玉人。该玉人为圆雕，裸身直立，宽颊尖颏，双耳穿孔，两手下垂捧腹，双足并拢作铲形，有斜刃。全部头发束至顶部作螺旋式盘髻，也就是后来所谓"螺髻"式。这种髻的盘法，从图像上推测应该是先将头发分成数股，后编成发辫，然后从下至上，层层盘旋，最后固定于头顶。春秋战国时期亦有类似的发髻实物。如 1983 年在河南光山发现的黄君孟夫妇墓。墓中女主人骨骼完好，年龄约 40 岁，在她的头顶，即有一个用真发挽成的完好发髻，发髻的位置略略偏左，髻上还插有两只木笄。后经考古人员研究发现，这种发型是先将头发分成数股，每一股头发的发梢均用丝线缠绕系扎，这样头发不至于松散，便于盘髻。这种梳髻的方式与西周辫发为髻的方法一脉相承，如图 3-2 所示。

图 3-2　黄夫人孟姬发型复原图

二、先秦时期的服饰与体态表达

先秦时期的服饰体现了当时社会的多样性和等级制度，根据穿着者的身份和地位不同而有所差异。当时主要采用上衣下裳制，衣服的颜色通常使用青、赤、黄、白、黑等五种原色，而裳则使用间色。衣服以小袖为主，长度通常至膝盖附近，腰间用条带系束。单一的服饰样式也有所改变，深衣形制初现。深衣是一种衣裳连属的袍式服制，长度可达足踝，特点是上衣和下裳分开裁剪后缝接在一起。战国时期，胡服渐趋流行，影响深远，其形制特征是短衣、长裤和革靴，便于骑射活动。

先秦时期的鞋履样式丰富，包括履、舄、鞋、靴等形制，其中，周代君王使用的舄有三种颜色，履和靴逐渐被普通人接受。

贵族与平民的服饰差异明显。贵族服饰通常奢华、繁复，使用高档材料如丝绸、金、银饰品，而平民服饰则朴素简单，多使用麻、棉等自然材料。

屈原在《离骚》中提到"纷吾既有此内美兮，又重之以修能"，道出了古代男性之美的标准——内在优良品质（"内美"）与外在良好仪态（"修能"）两个要素兼而有之，缺一不可。当代学者吴广平先生在岳麓书社出版的《楚辞》一书中对"修能"进行了准确的释义，也很有见地："我既有众多内在的美好品质，又有外在的美好姿态。"简言之，即为"我既有内在的良好品质，又有外在的美好仪态"。先秦时期的男性，大多以专一守贞、孝顺恭顺、忠厚稳重、风流倜傥的形象示人，这与其服饰的衬托有很大的关系。他们的穿着大多上衣下裳，即上身着衣下身配裳，衣服小袖，腰间用条带系束，充分凸显了男性的身材比例，显得仪态端庄。战国时期，胡服衬托得男性威武雄壮、英姿飒爽、魁梧健硕。

先秦时期的女性常常穿着飘逸的纱裙，以彩色的纹饰点缀，如彩虹般的色彩点缀在衣物上，营造出绚丽多彩的效果。另外，女性的服饰常常采用高腰设计，强调了腰部线条，赋予了女性更加婀娜多姿的形象，显得其体态修长。先秦时期的女性还非常注重饰品的搭配，用各种项链、耳环、手镯等饰品为整体造型增添亮点。

《卫风·硕人》中提道："手如柔荑，肤如凝脂，领如蝤蛴，齿如瓠犀，螓首蛾眉，巧笑倩兮，美目盼兮。"这首诗描绘的是齐侯之女、卫侯之妻庄姜大婚时的情形，用极其细致的白描手法，从各种角度反复设喻，表现庄姜之美，充满了镜头感。首先是第一眼印象，"硕人其颀，衣锦褧衣"，形容庄姜长得高大颀长、衣服华丽，服饰与体态相得益彰，既彰显了其贵族身份，又把其手、肤、领、齿、首、眉等身体细节的姿态描绘得生动形象。

先秦时期，贵族和富裕人家的服饰往往更加华丽，使用高级的面料和丰富的装饰，而平民百姓则穿着朴素的衣物，面料和颜色相对简单，但这丝毫不妨碍展现其高尚的品德、儒雅的气质和素雅的容颜。《大雅·思齐》提道："雍雍在宫，肃肃在庙。不显亦临，无射亦保。"先秦时期，并不是所有的女性都是那样灵动、俏丽，很多普通阶层的女性虽然穿着粗布麻衣，但给人一种庄严大气、严肃又不刻板的感觉。

值得一提的是，先秦时期推崇上衣下裳，也可能是为了方便人们行坐。先秦时期没有凳子也没有椅子，人们只能席地而坐。古人标准的迎客坐姿是正坐，即跪地而坐，臀部放于脚踝，上身挺直，双手规矩地放于膝上。但久跪也是非常累人的，因此，他们常常跪而居，"居"也就是"蹲"。跪坐久了，便可"凭几而坐"。先秦时期有着非常森严的等级制度和礼仪制度，不管是贵族还是普通百姓，可跪可居，唯不"箕坐"。箕坐是一种坐姿，指的是两腿张开坐着，形如簸箕。"箕坐"在当时是很不礼貌的坐姿，给人一种傲慢不敬的感觉。另外，先秦时期，无论男女，都是下着裙，"箕坐"恐有"走光"的风险。除坐姿外，先秦人也非常注重行姿。人们行走时，大都固颐正视，平肩正背，臂如抱鼓；足间二寸，端面摄缨；端股整足，体不摇肘。

思考与练习

1. 简要阐释先秦服饰的特点。

2. 你还了解哪些先秦时期的服饰文化？

3. 请简要概括先秦时期男性与女性的体态特征。

第四章　秦汉魏晋南北朝服饰与体态表达

【学习目标】

　　了解秦汉魏晋南北朝时期的服饰发展和服饰文化，掌握秦汉魏晋南北朝服饰与人物体态表达。

【学习任务】

　　找一个自己喜欢的秦汉魏晋南北朝时期的人物像，分析其服饰特点和体态语。

第一节　秦汉魏晋南北朝服饰发展

　　公元前 221 年，秦始皇统一六国，建立了我国历史上第一个中央集权的封建国家。为巩固统一，相继建立各项制度，其中包括衣冠服制。秦始皇崇信"五德终始"说，自认为以水德得天下，崇尚黑色。他常服通天冠，废周代六冕之制，郊祀时只着"袀玄"（《后汉书·舆服志》）；妃嫔在夏季戴芙蓉冠子，披浅黄红罗衫；皇太子常服远游冠，百官戴高山冠、法冠和武冠，穿袍服，佩绶。

　　汉代秦（公元前 206 年）之后，在诸多方面对秦朝的各项制度多"因循而不革"（《汉书·百官公卿表》）。随着社会经济的迅速发展和科技文化的长足进步，汉初出现了繁荣昌盛的局面。地主阶级统治地位业已巩固，追求奢靡生活的欲望日益强烈。加上与周边国家在经济与文化上交流的不断扩大，以及国内各民族间来往的逐渐加多，汉代的服饰也较前丰富考究，形成了公卿百官和富商巨贾竞尚奢华、"衣必文绣"、贵妇服饰"穷极丽美"的状况。

东汉永平二年（59年），"博雅好古"的明帝为适应进一步完善封建典章制度的需要，主持融合秦制与三代古制，重新制定了祭祀服制与朝服制度，冠冕、衣裳、鞋履、佩绶等各有严格的等级差别，从此汉代服制确立下来。

魏晋南北朝时期（220—589年），由于战乱不断，王朝更迭频繁，经济遭到破坏，社会生活的各个方面受到严重影响，人们的礼法观念变得淡薄，衣冠服饰也发生了显著的变化。魏晋时期的服饰，基本上承袭秦汉旧制。南北朝时期，各民族间交流频繁，服饰出现了相互吸收、逐渐融合的趋势。一方面，一些少数民族政权的执政者深受汉族传统文化的熏陶，仰慕峨冠博带式的汉族服饰，积极提倡穿着汉族服装，以至于形成"群臣皆服汉魏衣冠"的状况；另一方面，由于战祸连年，天灾和瘟疫肆虐，广大北方人民被迫背井离乡，远徙南方，民族错居杂处，形成民族间相互影响、生活习俗日渐融合的趋势。汉族男子开始穿起紧身窄袖短衣、蹀躞（有环和加饰金银）腰带和长筒皮靴的胡服；汉族女子的服装样式也由褒衣博带、上长下短变成紧身适体、"上俭下丰"，从而出现了深衣形制在民间渐渐消失、胡服在中原地区广为流行的局面。关于这一时期服饰的特点，晋人葛洪在《抱朴子·外篇·讥惑》中有过如下概括："丧乱以来，事物屡变，冠履衣服，袖袂财（裁）制，日月改易，无复一定，乍长乍短，一广一狭，忽高忽卑，或粗或细，所饰无常，以同为快，其好事者，朝夕仿效，所谓'京辇贵大眉，远方皆半额'也。"可见，这是一个追求新奇时髦、款式层出不穷、奇装异服盛行的时代。

一、秦汉魏晋南北朝服饰特点

秦国由于发展迅速，力量日趋强大，与周统治者的联系交往日益密切，特别是秦襄公护送平王东迁以后，秦在西周故地兴起，在形成独特风格文化的同时，不同程度上接受了周文化，其统治者的服饰大约与《周礼》之记载相去不远。

（一）头衣

主要有冠、巾、冕、笄、胜等。

1. 冠

《释名》曰："二十成人，士冠，庶人巾。"可见戴冠的是士以上的人。又《礼记·玉藻》曰："始冠，缁布冠，自诸侯下达，冠而敝之可也……缁布冠缋緌，诸侯之冠也；玄冠丹组缨，诸侯之齐冠也；玄冠綦组缨，士之齐冠也。"

2. 巾

巾又称"绡头"、覆髻、幅巾、帻，只是扎法不同。夏、商、西周时期，士是统治阶级，至于庶人、农民只能用巾（黑纱）包头。《方言》："覆髻谓之帻巾。"《说文解字》："发有巾曰帻。"蔡邕《独断》："帻者，古之卑贱执事不冠者之所服也。"奴隶、庶人不准戴冠，只可用帻。《诗经·都人士》："彼都人士，台笠缁撮。""台"是夫须草，作笠；"缁撮"是仅可撮髻的小帻。由此可知，春秋时代，人民有挽髻的习惯，而且士也可用帻，秦武将用绛帕赤帻。

3. 冕

《释名》曰："祭服曰冕，冕犹俯。俯，平直貌也。玄上缥下，前后垂珠，有文饰也。"冕之制外玄（黑）里朱，帽顶上有一块板状物，叫作"延"；系于颔下的带子叫作"纮"；两耳旁联缀"瑱"。在延的前端垂着数行五彩玉珠，叫作"旒"。旒有多少，分为不同的等级，从皇帝、诸侯到大夫，各有等差。皇帝的冕旒最多，有 12 条，其他的有 9 条、7 条、5 条不等。冕实则是大礼帽，黑色，天子、诸侯、卿大夫在祭祀时所戴。

4．笄

《礼记·曲礼上》："女子许嫁笄而字。"《释名》："笄，系也，所以系冠使不坠也。"郑注："笄，今之簪。"笄的一种曰"凤钗"，马缟《中华古今注》记载："盖古笄之遗象也，至秦穆公以象牙为之。"

5．胜

《释名》："华胜：华，象草木之华也；胜，言人形容正等，一人著之则胜，蔽发前为饰也。"《山海经·西山经》记载西王母"蓬发戴胜"。《汉书·司马相如传》注曰："新妇首饰也，汉代谓之华胜。"西王母戴胜的记载在前，汉代有华胜的记载在后，推测秦朝可能也有华胜。据朝鲜乐浪古墓中出土的玉胜以及山东省嘉祥武氏祠汉代画像石中刻有"玉胜"的图样，推测它是以圆形为中心，上下有梯形两翼，圆心有孔，两胜以"杖"连接，贯于发上。

上述诸物，都为头部饰物，故统称为"头衣"。

（二）体衣

主要有衣、裳、裙、深衣、袍、褐、裼衣、中衣、小衣、裘、衫子、皮衣。

1．衣、裳、裙

《诗经·东方未明》称"颠倒衣裳"，可见当时人们严格地将衣服分为衣和裳，《释名》曰"凡服上曰衣"。裳与裙又不同，《尔雅》曰"绕襟谓之裙"，《释名》曰"裙，群也。连接群幅也"，可知群幅叫"裙"。

2．深衣

衣与裳连在一起叫"深衣"。

3. 袍、褐

袍即长袍，包住全身。《论语》中用"衣敝缊袍"、《孟子》中用"衣褐"表示贫贱，可见褐和袍在当时都是简陋的便服。

4. 裼衣

由于袍是内衣，所以在外面往往加一罩衣，叫"裼衣"，这大概是统治阶级怕锦衣弄污之故吧。

5. 中衣、小衣

《释名》云："中衣，言在小衣之外，大衣之中也。"小衣大概是最里层的衣着了，即内衣。

6. 裘

《物原》云："伏羲作裘。"《礼记·月令》："孟冬之月，天子始裘。"到了寒冷季节，统治阶级常常用皮毛制成的裘衣来御寒。至于一般的劳动者，则无从享受。

7. 衫子

在夏季，统治者穿着用丝或者葛布做得很薄的衫子。老百姓夏天穿的衣服虽与统治者的有些名目相同，但在质地上很不一样，有的甚至夏天实在无衣，不得不光着身子。

8. 皮衣

学者们研究认为，从殷周到春秋，直至战国时代，战士护身的装备还是用整块兽皮（如犀兕）裁制的皮衣，谓之"皮甲"或"革铠"。

上述诸物，都是秦朝时期人们穿在身上的衣物，相当于今天的衣服，姑且称之为"体衣"，或许恰当吧！

（三）胫衣

主要有袴、裹服、履等。

1. 袴

上古有裳无裤，但有袴，即后世的套裤，穿在两腿上，分挂在腰带上，没有裤裆。其作用类似今天的短裤衩，但形制不一样。

2. 裹腿

胫衣除袴外，还有裹腿。用一块布邪（斜）裹小腿，叫"邪幅"或"幅"。

3. 履

《世本·作篇》曰："於则作扉履。"《释名》曰："履，礼也，饰足所以为礼也。"又曰："履，拘也，所以拘足也。"贾谊曰："诸侯素方履。"传说麻鞋为周文王以麻制成，名曰麻鞋，到秦朝时以丝制作，只允许宫人侍从穿着，庶人不得穿。鞋单底的称为履，复底的为舄，即履下有木，可以走湿地。《中华古今注》："舄以木置履下，干蜡不畏泥湿。履乃屦之不带者，盖祭服曰舄，朝服曰履，燕服曰屦。"《释名》曰："鞋，解也，解其上则舒解也。"可知上系带的叫"鞋"。奴隶社会时期，秦朝的鞋有革、丝、麻、草四种。统治阶级穿革履丝鞋，贫士就穿芒鞡，劳动者穿草鞋甚至跣足。

上述诸物，是秦朝时期人们腿以下之饰物，故曰"胫衣"。

（四）祭服与丧服

在古代，"国之大事，在祀与戎"，可见祭祀的重要性，而且要求十分严格，所谓"君子虽贫，不鬻祭器；虽寒，不衣祭服"。秦朝时期人们十分重视祭祀，《史记》记载秦朝时期人们行祭祀之事，比比皆是。

《秦会要订补》记载："三年一郊……衣上白。"《周礼》记载："凡丧，为天王斩衰，为王后齐衰，王为三公六卿锡衰，为诸侯缌衰，为大夫、士疑衰，其首服皆弁绖。"《仪礼·丧服》记载："丧服，斩衰裳，苴绖杖，绞带，冠绳缨，菅屦者。"秦朝时期人们"祭祀时着白色服装"。

深衣是战国至西汉时期十分流行的服式，但是在社会中下层也流行着另外一些简单省料的服装。湖北省江陵马山楚墓是一个中下层人士的墓葬，所出土的衣服就采取了另一种直裾的样式。

这种直裾袍服的其他部分都与深衣相似，只是左边前襟从胸腋部直线而下，没有接出的曲裾。掩在里面的右前襟与左前襟大小相近，也是在胸腋部直线而下。两片前襟交相掩盖。腰间用带子束紧。

马王堆汉墓发掘出的实物异常丰富，尤其是服装方面，虽已历经两千多年，质地仍旧坚固，色泽依然鲜艳，反映出古代劳动人民的精湛技术和高超水平，从一号墓出土的服饰有素纱襌衣、素绢丝绵袍、牛罗丝绵袍、绣花丝绵袍、黄底素缘绣花袍、绛绢裙、素绢袜、丝履、丝巾、绢手套等十几种之多。颜色有茶褐、绛红、灰、朱、黄棕、棕、浅黄、青、绿、白等。花纹的制作技术有织，有绣，也有绘；纹样有各种动物、云纹、卷草及几何纹等。其中最使人感到惊讶的是素纱襌衣，整件服装薄如蝉翼、轻如烟雾，在领边和袖边还镶着 5.6 厘米宽的夹层绢缘，但全部重量只有 48 克，还不到一两，是一件极为罕见的稀世之品。

在马山楚墓出土的衣物中，还有一些平常不易见到的服装。墓内的一个竹箱中放有一件对襟式的单衣。箱子上面系着一个竹签，写明它的名字。这件衣服用整块衣料制成，仅在衣料的上部左右横向剪开，上部叠合缝成衣袖，下部做成左右两个前襟。两襟在身体前方正中相对。另外，用大菱形纹锦缘出领口，用条纹锦缘出袖口。整个衣服的样式与今天的睡衣十分相似。

当年魏孝文帝推行汉化政策，令全国人民改穿汉服。然而鲜卑族的劳动百姓不习惯汉族的衣着，很多人不遵诏令，依然穿着他们的传统民族服装。官员们"帽上着笼冠，裤上着朱衣"，连孝文帝立的太子也私着胡服，从洛阳逃回平城，后被废为庶人。

在整个魏晋南北朝时期，构成服饰大家族的，除了作为传统服饰的汉民族服装，还有匈奴、鲜卑、羯、氐、羌、乌桓、高车、柔然、夫余、挹娄、高句丽、东沃沮等民族的服装。他们或入主中原、建立王朝，或在周边地区建立民族政权。此外，由于这一

时期中外交往空前发达，西域、中亚乃至欧洲的其他民族的服饰
也随处可见。《洛阳伽蓝记》记载，北魏时期的情况是"自葱岭
（帕米尔高原）以西，至于大秦（罗马），百国千城，莫不欢附。
商胡贩客，日趋塞下"，"乐中国土风，因而宅者，不可胜数，是
以附化之民，万有余家"。

我们知道，多民族的融合所造成的多民族服饰的流行和相互
撷取，并不是在短时间内可以完成的，而是需要一个长期的过程。
因此魏晋南北朝的服饰与前代相比，存在着复杂性和多样性，与
后之统一的隋唐王朝相比，存在着极端的不稳定性，但服饰整体
朝着更加实用和艺术的方向发展，体现出人类文明发展的规律。
如图4-1所示。

图4-1 北周时期甲骑具装俑

二、秦汉魏晋南北朝服饰色彩

秦朝服饰，特别是统治阶级的服饰五彩缤纷、艳丽无比，充
分反映了秦朝印染技术的高超。秦王朝"置平准令……掌知物价
及主练染作彩色"，可见秦仍沿袭商周时代，设专职官吏掌管印染
业，秦朝时期的人们重视印染由此可见一斑。

秦朝印染业的发达集中体现在秦始皇陵兵马俑上。据有关学

者在发掘现场的实地观察发现，陶俑彩绘颜料主要有红、绿、蓝、紫、褐、白、黄七种颜色，其中又有深浅浓厚的不同，实际上颜色种类还要多，如红色就可分为朱红、大红、紫红、粉红四种。不仅色彩较多，而且设色着彩技术也十分先进，以将军俑的服色为例，内穿朱红色中衣，外套暗紫色短褐，披彩色鱼鳞甲。甲的边带以白色作底，上绘红、绿、黄、紫等色的几何形花纹。肩及胸前、背后各有一朵用甲带扎结的花朵。花朵以杏黄色作底，上绘朱红、粉绿相间的花纹图案。在红色与绿色之间往往用黑色或白色作为补间色勾勒出花纹的界域。虽然真实的衣上不一定会染得如此绚丽、色彩缤纷，但至少能说明秦朝印染技术的高超、先进。

秦朝用于纺织品染色的矿石染料，主要有丹砂、空青和石黄。丹砂是自然的硫化汞，古亦称"丹""丹干""朱"，主要产地是巴蜀和荆州。丹砂"生山谷"，秦时巴蜀寡妇清就是数世擅丹穴之利而致富的。《考工记》曾详载以丹砂染羽的方法，但亦可染丝缕布帛。空青是一种盐基性碳酸铜，古亦名"曾青，青，青腾"，可作染料，又可作绘画和书写颜料。它产于巴蜀、西北和荆州，但产量不多，作染料不如蓝草。石黄是一种三硫化砒素，古亦名雌黄、雄黄。据章鸿钊先生的考证，陕西省古代出产的黄色颜料唯有雌黄一种。况且陕西省自古就是雌雄黄的著名产地。晋代大炼丹家葛洪宣称炼丹所用雄黄，"当得武都山中者，纯而无杂"，6世纪的《名医别录》则指出，雌黄"生武都山谷，与雄黄同山"，武都山在今陕西省凤县境内。照此来说，章先生的考证有疏漏之嫌。另外，关中一带在历史上也有把雌黄用作黄色颜料的悠久传统，如1975年宝鸡市西周墓出土的丝织物印痕，其上附有黄色颜料，经鉴定证实为雌黄。

此外，秦朝还利用漆来使织物染色。我国用漆作为涂料，最早见于《韩非子·十过》。《周礼·载师》记载，周代民间产漆，须向国家缴纳四分之一的赋税。秦朝统治下的巴蜀地区是我国古代著名的产漆地区,《史记·货殖列传》《华阳国志》等典籍中均有大量记载。

汉代织物五彩斑斓,色调十分丰富,说明当时的人们已经可以熟练地运用矿物颜料和植物颜料,染出数十种纯净艳丽的色彩了。不仅如此,人们还发明了用套版印花的方法给丝织品染上各种漂亮的套色花纹。马王堆汉墓中有一块泥金银印花纱,是用三块版套色印成的。还有一块印花敷彩纱,是在套版印出大花后,又用手工绘制细部的方法综合制成的,这些巧妙的技艺更丰富了丝织品的艺术表现力。甘肃省磨嘴子东汉墓中有三件印花绢衣,是用三块版套印制成绛红、绿、白三色的云草纹,艺术效果也很好。

汉锦是汉代织物最高水平的代表,它是一种色彩绚丽、呈现多种凸起花纹的多彩织物。汉锦的经线密度非常高,每平方厘米可达 160 根,而纬线仅 30 根左右。汉锦一般由 2~4 种颜色的彩线交织而成。由于采用了先进的提综装置织机,可以织出很多种花纹图案。江陵马山出土的服装衣物材料中,就有用浅棕色、土黄色、朱红色三种颜色织成的塔形纹锦,用棕色、红色、黄色三色制成的凤鸟凫几何纹锦,用浅棕色和朱红色织成的凤鸟菱形纹锦、大小菱形纹锦,以及用深红色、深黄色、棕色三种颜色织出的舞人动物纹锦等八九种花色。其中舞人动物纹锦包括七组图案,有对龙、舞人、对凤、对麒麟等,纹样十分复杂,显示出高超的丝织技艺。在长沙马王堆 1 号汉墓出土的大量织物中,除去秦汉时流行的几何纹、花卉纹、动物纹、变云纹等各种彩锦,最高级、最复杂的是绒圈锦织物,它采用了四根一组的变化重经组织,按每幅宽 50 厘米计算,每幅经数可高达 11200 根之多。它巧妙地利用"假织纬"的办法,起到大小绒圈的效果来,使几何纹的绒圈锦面上形成一层高出锦面 0.7 毫米的绒圈,具有非常丰满华丽的立体感。这是后世天鹅绒织造技术的前身，也是中国纺织技术史上的一个重大创举。

魏晋南北朝时期虽战乱频仍，人们的生活陷入了不安之中，但染织生产仍持续发展。而且魏晋南北朝时期人们用色的水平也比之前提高了很多，染织技术得到了大幅度提升，尤其是江南地区，染织技术尤为卓越。

魏晋南北朝时期对服饰色彩有着非常严格的规定。曹魏时期，魏文帝曾下旨："土德，服色尚黄。"南北朝时期，服饰颜色又有变化，当时服饰颜色依据季节不同而改变，且服饰面料也有严格规定。朝会时，皇帝需穿绛纱袍，袍和襌衣颜色有黄色、白色、青色、皂色等。另外，对官员们的服饰颜色也有严格规定，例如三品以下官员不可以穿杂色衣服，而六品以下官员只能穿七色绮。至于庶人，更是不能使用五彩的颜色，服饰颜色只可选择青色、白色和绿色三种颜色，由此可见，当时对于服饰色彩的划分是非常严格的。

在汉魏时期，我国的封建制度已经基本完善，用颜色来划分人们的社会等级也成为当时的一项"制度"。例如朱色、赤色、黑色、黄色、紫色，这些正色只允许帝王或者王公贵族使用，而青色、白色、绿色这些普通的颜色，通常都是官位比较低的人或者庶人才用的颜色。

其实，在魏晋南北朝时期，贵族们都非常注重自己的穿着，当时对于服饰色彩的苛刻要求，也足可以证明这一点。国家在皇帝的统治和带领下，对人们穿着的服饰颜色严格限定，因此那些华丽的颜色就更让人向往了，也让当时的社会形成了一股崇尚华丽的社会风气。

三、秦汉魏晋南北朝服饰材料

秦朝服饰的主要材料包括丝、麻、葛织品和毛皮等。

（一）丝织品

我国是世界上最早利用蚕丝做衣着原料的国家，到了秦朝，蚕桑业和丝织业等有了进一步发展。秦朝的蚕桑业十分发达，如秦始皇陵的殉葬品中有"金蚕三十箔"。在秦都咸阳第1号宫殿建筑遗址中还发现了一包衣服，包括单衣、夹衣、棉衣，丝绸则有锦、绢等。

为了促进丝织业的发展，秦朝还颁布了一系列保护桑蚕和发展丝织业的法令。秦律规定偷摘别人的桑叶，赃值不到一钱的，罚服徭役30天。商鞅变法也规定生产缯帛多者，可以免除徭役。由于秦代非常重视蚕桑事业和丝织业的生产，故蚕丝及其产量很高，丝织品便成为人们，特别是统治阶级衣着的重要原料。当时丝织品种类繁多，主要有锦、绮、绢、绫、罗、素等。

1. 锦

《释名》曰："锦，金也，作之用功重，其价如金。故其制字从帛与金也。"锦是比较高级、贵重的丝织品。

2. 绮

《说文解字》曰："绮，文缯也。"

3. 绢

《说文解字》曰："绢似霜。"

以上3种丝织品在秦代的实物，在秦都咸阳第1号宫殿建筑遗址中均有发现。

4. 绫

《释名》曰："绫，凌也，其文望之如冰凌之理也。"太公《六韬》曰："夏殷桀纣之时，妇人锦绣文绮之坐席，衣以绫纨，常三百人。"《汉官仪·职仪》云："尚书郎直，供青绫、白绫被。"秦之前和秦以后都有，因此我们猜测秦朝也有可能存在。

5．罗

《释名》曰："罗，文罗疏也。"《范子计然》曰："罗出齐郡。"荆轲刺秦王时，秦王正是穿着罗縠单衣。

6．素

《释名》曰："素，楪素也，己织则供用，不复饰也。"《范子计然》曰："白素出三辅。"《上山采蘼芜》曰："新人工织缣，故人工织素。织缣日一匹，织素五丈余。"又《礼记·玉藻》曰："天子素带朱里。"《诗经·王风·扬之水》曰："素衣朱绣。"可见秦之前就已出现，而汉代的三辅一带正是秦朝统治的中心地区。

上述丝织物大都价格高昂，一般劳动者是望尘莫及的，主要是供统治阶级，特别是上层统治者享用的。

（二）麻、葛织物

根据古代文献记载和考古发掘的成果，中国最早采用的纺织材料主要是麻、葛纤维。在《禹贡》所记载的时期，秦地跨雍、梁二州。《汉书·东方朔传》载这一地区"又有秔、稻、梨、栗、桑、麻、竹、箭之饶"。《华阳国志·巴志》载巴地"土植五谷，牲具六畜，桑蚕、麻苧……"。《华阳国志·蜀志》载蜀地有"桑、漆、麻、纻之饶"。更由于麻雌雄异株，雄麻曰"枲"，雌麻曰"苴"，麻子则称为"赞"或"苴"。雄麻"枲"的纤维主要用作衣着原料，《金布律》中就多处记载用枲作为原料制作衣服，雌麻籽可榨油或作辅食，所以种植麻不仅可以解决衣着原料，而且可以部分地解决粮食问题，可谓一举两得，这在一定程度上促进了种麻业的发展。以麻为原料的衣服在秦朝占主导地位，这不仅是因为麻的产量大，还因为麻经过加工后，可制成粗细不同的麻线，进而织成粗细各异的麻布。质地细密的麻布成为统治阶级除丝织品外衣着的又一重要来源。至于粗麻布，则是下层人民用以御寒、遮身的衣物。

此外，葛布亦是秦朝服饰的重要原料。由于葛的纤维比麻细长，能够织成更为细薄的织物，用其缝制成的衣服质地轻薄凉爽，故而人们一般用葛布裁制夏季单衣。正因如此，很早就形成一句俗语："冬日衣皮毛，夏日衣葛绤。"

（三）毛皮

秦朝建立前的早期秦人，在一定程度上保留着游牧、狩猎的生活方式，因此，畜牧业在经济中一直占有十分重要的比重，毛皮便成了秦朝的重要衣着原料。史书记载秦朝特别盛产羊皮，当时的先民还用皮革制作带子、帽子、裘衣、铠甲和鞋子。此外，秦朝时期的人在制作冬衣时，往往毛朝里，制成长袍使之保暖。这种长袍一直到汉代仍有出现。桓谭《新论》记载："余从长安归沛，道疾，蒙絮被绛罽襜褕，乘驿马，宿于下邑东亭下。"桓谭穿的正是红色毛料长袍。不过就毛皮的主要用途来说，除被统治者用作皮裘之外，还主要用于制作铠甲，也就是所谓的"皮甲"或"革铠"。

汉代丝织品的遗物极其丰富，色彩鲜明，花纹精巧，种类多样，美不胜举。现代学者们曾经根据实物做了一些分类，他们发现，汉代织物中最多见的是平纹组织的"纨素"，即今日所称的"绢"。一般的平纹绢每平方厘米有50～60根经纬线，织出的绢比较细薄。江陵马山楚墓中出土的丝织衣物大部分是用绢制成的。素色绢一般用作衣衾和其他物件的里子，多数是织得较稀疏的。用作面料和绣品底料的绢，则显得质地紧密均匀，质量相对较好。绢的织造技术较简单，用料也较省，所以成为当时使用最广泛的丝织品。

在河北省满城的汉中山靖王刘胜墓中，出土了一种质地细致的畦纹绢。这种绢质地较为紧密，经线数量比纬线多一倍，呈现出纬线方向凹下、如同田畦一样的直纹。

其次是罗纱。早期的罗纱仍然是平纹织成的，经、纬线都比较少，显得很稀薄，布面上露出细小的方孔，最稀疏的经纬线只有每平方厘米 20 根左右。在蒙古国诺彦乌拉古匈奴墓和江陵马山楚墓中都曾发现这种"纱"的残片，大多是用来包头发用的"巾"。

最精妙、最珍贵的是马王堆汉墓中发现的一件素纱做的单衣。这件单衣轻薄透明，犹如蝉翼一般。这件连袖子全长 190 厘米的长衣，重量仅为 48 克。它的经纬密度在每平方厘米 62 根左右，并不算稀，但是用的蚕丝十分细，织出的纱料自然既细密又轻薄了。

在汉代，随着纺织技术的不断发展，出现了罗纱组织的提花罗纱。这种罗纱以两根经线为一组，与纬线交织而成。其中一根经线被称为"纠经"，它每织入一根纬线后便改变一次位置，使两根经线交替左右绞转。这样织成的罗纱不易散动，而且还可以通过纠经变换位置织出一定的花纹来。满城汉墓和民丰东汉墓中出土的花罗纱，就是用这种方法织成的。

绮是价值比较贵的精制丝织品，用今天的话讲，就是斜纹起花的素色绸子。也有染色的绮。汉代的绮有一种特殊的织法，底地为平织，在显花部分中另外增添一组平纹组织的经线。一般来说，绮在织造时使用的经线是纬线的 2～3 倍，织成的绮紧密厚实，表面提花，更增添了织物的光彩。

魏晋南北朝时期，不仅对衣服的颜色有着严格的划分，就连什么场合穿着什么材质制成的衣服都有严格的规定。比如说，在朝会的时候，天子必须穿绛纱，三品以下的官员禁止穿杂色绮，六品以下的官员就只能穿七彩绮，而且他们的服饰严禁使用罗绡。

魏晋南北朝时期，北方少数民族服饰也极具特点。当时人们常穿的服饰叫作"裲裆"，这种服饰没有衣袖，只由两片衣襟组成，这样就可以让人们手臂行动更加自如。裲裆的制作材料种类繁多，有单的、皮的、夹的等。这种服饰男女都可以穿，可以当作内衣穿，也可以当作外套穿，裲裆形制与后世马甲有一定的渊源。

　　魏晋南北朝时期，战乱频仍，朝代更迭频繁，这使得当时不同民族和不同地域的文化相互碰撞，对人们服饰的发展产生了显著影响。而且，当时人们的思想深受玄学影响，这一点从服饰的变化中便可得到证明。

四、秦汉魏晋南北朝代表性服饰

　　（一）冠与帻

　　汉代以冠帽作为区分等级的主要标志，主要有冕冠、长冠、委貌冠、武冠、法冠、进贤冠等几种形制。按照规定，天子与公侯、卿大夫参加祭祀大典时，必须戴冕冠，穿冕服，并以冕旒多少与质地优劣以及服色与章纹的不同区分等级尊卑。长冠，又名齐冠，是一种用竹皮制作的礼冠，后用黑色丝织物缝制，冠顶扁而细长。相传为汉高祖刘邦微贱时仿照楚冠创制，故又称"刘氏冠"。委貌冠，形制与皮弁相似，有些像翻倒的杯子，用帛绢制成。这两种冠均为参加祭祀的官员所戴。武冠，又名"鹖冠"。鹖，即褐马鸡，性好争斗，至死不退，用作冠名，以表示英武，为各级武官朝会时所戴礼冠。又因为它的形状像簸箕，造型高大，也称"武弁大冠"。皇帝的侍从与宦官，也戴插着貂尾、饰有蝉纹金珰的武冠。法冠，又称"獬豸冠"。獬豸是传说中的神羊，能分辨是非曲直。它头顶生有一个犄角，见人争斗，就用犄角抵触理屈者，故为执法者所戴。又因为它通常用铁作冠柱，隐喻戴冠者坚定不移，威武不屈，也称"铁冠"。进贤冠为文吏儒士所戴。冠体用铁丝、细纱制成。冠上缀梁，梁柱前倾后直，以梁数多少区分等级贵贱（如公侯三梁，中二千石以下至博士二梁，博士以下一梁）。此外，还有通天冠、远游冠、建华冠、樊哙冠等冠式。关于樊哙冠的由来，相传有这样一段趣事：刘邦攻破咸阳，驻军灞上。项羽设宴鸿门，图谋杀害刘邦，消除对手。席间，"项庄拔剑舞，其意常在沛公"(《史记·项羽本纪》)，情势十分危急。汉将樊哙于是急忙撕下衣襟，裹起铁盾，顶在头上，权充冠帽，仗剑破门而入，解了刘邦此厄。从此，仿樊哙所戴制成冠式，便得了"樊哙冠"的美名。

秦朝时，巾帕只限于军士使用。到了西汉末年，据说因王莽本人秃头，怕人耻笑，特制巾帻（有些像便帽）包头，后来戴巾帻就成了风气。还有人认为用巾帻包头也与汉元帝刘奭有关。据说刘奭额发粗硬，难以服帖，被说成不够聪明，不愿让人看见，因此平日常用巾帻包头。结果上行下效，以巾帻包头便流行开来。巾帻主要有介帻和平上帻两种形式。顶端隆起，形状像尖角屋顶的，叫介帻；顶端平平的，称平上帻。身份低微的官吏不能戴冠，只能用帻。达官显宦家居时，也可以摘掉冠帽，头戴巾帻。东汉末年，王公大臣头裹幅巾更是习以为常。像中军校尉袁绍这样的高级将领，也不惜弃制冠而裹斗巾以求轻便；蜀汉丞相诸葛亮这样的元老重臣，也甘愿舍弃华冠而头戴纶巾（以细密的丝绢制成），手摇羽扇，指挥三军，以求潇洒悠闲，令司马懿不得不叹服。

用一块帛巾包头（"幅巾束首"）是魏晋南北朝时期主要的首服。这从南朝大墓砖印壁画《竹林七贤与荣启期》及《北齐校书图》《高逸图》等名画中的人物形象上可以清楚看到。这些隐逸之士，每人头上裹的都是帛巾。

冠帽的形制颇具特色。汉代的巾帻在这一时期虽然还在流行，但已有变革。如将帻后加高，中呈平形，体积逐渐缩小至头顶之上，称平上帻，或"小冠"。在小冠上加以笼巾（平顶，两边有耳下垂，下面用丝带系扎），则称为"笼冠"。因为它是用黑漆细纱制成的，又称"漆纱笼冠"。后世的乌纱帽就是由它演变而成的。这种冠男女通用，是当时的主要冠式。此外，还有卷檐似荷叶的卷荷帽，附有下裙的风帽，有高顶形如屋脊的高屋帽，尖顶、无檐、前有缝隙的帢以及突骑帽、合欢帽等形制。帢则是魏武帝曹操亲自设计并率先戴用的。由于当时战祸频仍、资材匮乏，他以缣帛替代鹿皮，制成皮弁的样式，定名为颜帢。经由他的提倡，这种首服很快在朝野流行开来。据说，晋凉州刺史张轨临终时，还叮嘱入葬时给他戴一顶白帢就可以了，足见时人对帢的喜爱。

（二）男服

秦汉时男子的常服为袍，这是一种源于先秦深衣的服装，原本仅仅作为士大夫所着礼服的内衬或家居之服。士大夫外出或宴见宾客时，必须外加"上衣下裳"。到了东汉，袍才开始作为官员朝会和礼见时穿着的礼服。它多为大袖，袖口有明显的收缩。袖身宽大的部分叫"袂"，袖口紧小的部分叫"祛"。衣领和袖口都饰有花边。领子以袒领为主，一般裁成鸡心式，穿时露出里面的衣服。此外，还有大襟斜领，衣襟开得较低，领袖用花边装饰，袍服下面常打一排密裥的，有时还裁成弯月式样。另外，袍不光是夹的，还有填纩的冬装。具体又分为纩袍（用新丝绵之细而长者絮成）与缊袍（用旧丝绵或新丝绵之粗而短者絮成）等。御史或其他文官穿着袍服上朝时，右耳边上还常簪插着一支白笔作装饰（由准备记事转化而来），名"簪白笔"。官员平时多穿襌衣，即单衣。

襌衣是一种单层的薄长袍，没有衬里，用布帛或薄丝绸制作。这一时期的袍服大体可以分为两种类型：一是直裾，一是曲裾。曲裾就是战国时的深衣，多见于汉朝初年。这种样式不仅男子可穿，也是女装中最常见的式样之一。这种服装通身紧窄，下长拖地，衣服的下摆多呈喇叭状，行不露足。衣袖有宽有窄，袖口多加镶边。衣领通常为交领，领口很低，以便露出里面的衣服。有时露出的衣领多达三层以上，故又称"三重衣"。直裾，又称襜褕，为东汉时一般男子所穿。它的衣襟相交至左胸后，垂直而下，直至下摆。它是襌衣的变式，不是正式礼服，隆重场合不宜穿着。

《汉书·外戚恩泽侯表》记载，汉武安侯田恬就曾因为赶时髦，"衣襜褕入宫"，被武帝视为"不敬"，而招致免爵除国。

秦汉时男子的短衣类服装主要有内衣和外衣两种。内衣的代表服装是衫。衫，又称"单襦"，就是单内衣，它没有袖端（没袖的叫汗衣，形状像今天的马甲）。此外，还有帕腹（横裹在腹部的一块布帛）、抱腹（在帕腹上缀有带子，紧抱腹部，即后世俗称的"兜肚"）、心衣（在抱腹上另加"钩肩"和"裆"）等只有前片的内衣，以及前后两片皆备、既当胸又当背的名为"两当"（意为遮拦）的内衣。平民男子也有穿满裆的三角短裤"犊鼻裈"的，据说是因为形状像牛犊的鼻子而得名。《史记》中有汉代大辞赋家司马相如偕同卓文君私奔，在成都街头开设酒铺，"自著犊鼻裈，与保庸杂作，涤器于市中"的记载。

外衣的代表服装是襦和袭。襦为夹纩短衣。因其长仅及膝，所以必须与有裆之裤配穿。当时的显贵多用纨（细而白的平纹薄绢）作裤，故有"纨裤"之称。后来，这个词逐渐演变成了浪荡公子的代名词。袭，又称褶，是一种不着绵的短上衣。

汉代也实行佩绶制度。达官显宦佩挂组绶。组是一种用丝带编成的装饰品，可以用来束腰。绶是用来系玉佩或印纽的绦带，有红色、绿色、紫色、青色、黑色、黄色等颜色。它是汉代官员权力的象征，由朝廷发放。按照规定，官员外出时，必须将官印装在腰间用皮革或彩锦做成的鞶囊之内，将印绶露在外面，向下垂搭，即所谓"怀黄金之印，结紫绶于要（腰）"（《史记·范雎蔡泽列传》）。于是人们就可以根据官员所佩绶的尺寸、颜色及织工的精细程度来判定他们身份的高低了。

魏晋南北朝时期，人们改变了古人服袍外罩衣裳的习惯，去掉衣裳，直接以袍衫作为外服。服饰朝着宽松、舒适的方向演变。男子的主要服饰为衫。衫分单、夹两种式样，与秦汉时的袍服不同。它不受衣祛的约束，袖口宽大，多用纱、縠（绉纱一类丝织品）、绢、布等制成，为上自王公贵族、下至平民百姓所普遍喜穿。这种大袖宽衫之所以会风行一时，可能是和当时的名士喜欢服用一种名为"五石散"的药有关。据说这种药可以强身健体、益寿延年。但由于药中含有紫石英、白石英、石硫黄等矿物质，有剧毒，吃下后产生巨大的内热，皮肤会发烧，必须"散发"。因此，非穿宽大的衣服不可。当时的名士，在魏晋玄学和道教崇尚虚无、注重旷远、追求放达的思想影响下，由于个性的觉醒，还喜欢乘高舆、披鹤氅，或袒胸露怀、散发赤足，以表示不受世俗礼教的羁束。书圣王羲之东厢坦腹而卧，根本没把太尉郗鉴择婿之事放在心上，结果竟被挑中的趣事，从某种程度上反映了当时人的心态和社会习尚。

北方少数民族男子的服饰，主要是裤褶和裲裆。裤褶是由战国时流行的一种胡服改革加工而成的。汉魏之际，裤褶主要用于军队。这一时期，裤褶虽仍作为戎装，但已成为民间普遍穿着的便服。它由褶衣和缚裤两部分组成。褶衣紧致而窄小，长仅至膝盖。它有多种样式，仅衣袖就有宽、窄、长、短之别。至于衣襟形式，大多采用对襟。有的还把衣服的下摆裁成两个斜边，两襟相掩，在中间形成一个小小的燕尾，很是别致。它有的用布缋绣制彩色图案，有的用锦缎裁剪而成，有的用兽皮缝制而成。裤褶的束腰多用皮带，达官显宦还镂以金银作为装饰。裤褶是用红色锦缎带截为三尺一段，在膝盖处将宽松的裤管扎住，以便活动。北朝以后还出现过褶裥缚裤的形式。

裲裆是一种只有胸背两片的服装，用布帛缝制而成。肩部有两条带子连缀起来，腰间再用皮带扎束固定。这种服装既可着于内，又可着于外，后世沿袭了很久。

（三）女服

汉代女子的礼服仍以深衣为主，只是这时的深衣已与战国时期流行的款式有所不同。其显著的特点是，衣襟绕转层数增多，衣服的下摆增大。穿着这种衣服时，腰身大多裹得很紧，且用一条绸带系扎在腰间或臀部。还有一种服装叫"袿衣"，样式大体与深衣相似。由于衣襟绕转，其衣服底部形成两个上宽下窄、形状像刀圭的装饰，因此得名。此外，汉代女子也穿襦裙。汉乐府诗《陌上桑》中有句云："头上倭堕髻，耳中明月珠。缃绮为下裙，紫绮为上襦。"这便是对一个身着襦裙的美丽采桑女的形象写照。这种裙子大多用四幅素绢拼合而成，上窄下宽，呈梯状，不用任何纹饰，不加边缘，因此得名"无缘裙"。它还在裙腰两端缝上绢条，以便系结。这种襦裙长期以来是中国女子服饰中最主要的形式。东汉以后，穿着的人数虽一度减少，但自魏晋开始重新流行后，历久不衰，一直沿袭至清代。汉代女子也有穿裤的，但大多仅有两个裤管，上端用带子系扎。后来宫中女子有穿前后有裆的系带裤名"穷裤"的，传到民间，逐渐为人们所仿效。

汉族女子的服饰，魏晋时期沿袭奉汉旧俗，有衫、裤、襦、裙等形制。南北朝以后，逐渐有所变化。初期，女子所着衣衫多为对襟，衣袖宽大，并在袖口缀有一块颜色不同的贴袖。所着长裙式样很多，色彩丰富，有间色裙、绛纱复裙、丹碧纱纹双裙等。腰间有帛带系扎，有的还在腰间缠一条围裳，用来束腰。此外，一些女子还穿一种名叫"杂裾垂髾"女服的，这是深衣的一种变式。它的特点是在服装上饰有"襳髾"。所谓髾，是指在衣服的下摆部位固定的一种饰物。它一般用丝织品制成，上宽下尖，形如三角，并层层重叠；所谓襳，是指从围裳伸出来的飘带。由于飘带较长，走起路来牵动下摆的尖角，宛如燕子飞翔。晋代著名画家顾恺之依据曹植《洛神赋》所作《洛神赋图》中女神穿着的就是这种服装。它衣袂飞舞，飘带翔动，堪称"奇服旷世"（曹植《洛神赋》）。到了南北朝时，人们将飘带去掉，加长尖角的"燕尾"，使二者合为一体。

北方少数民族女子，除穿着衫、裙外，还有穿裤褶和裲裆的。

只是女子与男子有所不同，裲裆最初多穿在里面，后来才罩在衫袄之上。穿裤褶的女子，头上多戴有笼冠。有的同时还身着裲裆，与当时的男子一样装束。

（四）戎服

秦朝士兵的铠甲，多用整片皮革或厚实的织锦等材料制成。上面缀有金属或犀牛皮做的甲片。甲片是活动的，主要用于双肩、腹前、腰后和领口等处，并绘有彩色花纹。这从陕西临潼出土的秦兵马俑形象上可以清楚看到。另一种是用正方形（或长方形）甲片编缀起来。甲片是固定的，主要用于胸前和背后，穿时从上套下，再用带钩扣住，里面衬上战袍。前一种一般为指挥人员所穿，后一种一般为普通士兵所穿。甲衣的样式因穿着者所属兵种和身份不同，结构繁简也不一样。

到了汉代，随着强弩制作的日益精良和功效大增，甲胄也有所改良。铁制铠甲已开始普及，穿铁甲逐渐成为制度。这从陕西咸阳杨家湾出土的彩绘武士陶俑身上可以看到。这些武士俑的铠甲表面都涂着黑色。它的形制大体可分为两类：一类是扎甲，采用长方形片甲，将胸背两片甲在肩部用麻绳或皮带系连，或另加披膊，这是骑士和普通士兵的装束；另一类是用鳞状的小型甲片编成，腰带以下和披膊等部位，仍用扎甲形式，便于活动，这是武将的装束。

魏晋南北朝时期，由于战争连年不断，争夺政权的斗争此起彼伏，人们对武器装备更加重视。加上炼铁技术的提高，钢开始用于武器，这一时期的甲胄也有很大改进，铠甲的形制主要有三种。一是筒袖铠。这是常用的铠甲，在东汉铠甲的基础上发展而来。它是用小块的鱼鳞纹甲片或者龟背纹甲片穿缀成圆筒形的甲身，前后连接，并在肩部配有护肩的筒袖，因此得名筒袖铠。穿筒袖铠的人，一般头上都戴有护耳的兜鍪，项上饰有长缨。二是裲裆铠。这是南北朝时期通行的戎装。它的形制与当时流行的裲裆相近。前后两大片，上用皮襻连缀，腰部另用皮带束紧。所用材料大多为坚硬的金属和皮革。特别讲究的也用金丝。据《晋书》所载，在淝水之战中大败而逃的前秦君主苻坚，所着"金银细铠"乃"镂金为线"编织而成。铠甲的甲片有长条形与鱼鳞形两种，其中，鱼鳞形较为常见。穿这种甲的，一般里面衬有厚实的裲裆衫，头戴兜鍪，身着裤褶。三是明光铠。这是一种在胸背之处装有金属圆护的铠甲。圆护大多用铜、铁等金属制成，且打磨得精光锃亮，就像一面镜子。穿着它在太阳下作战，会反射出刺目的"明光"，令敌人眼花缭乱，头昏脑胀，故而得名"明光铠"。《周书·蔡祐传》记载，蔡祐身着明光铁铠，冲锋陷阵，所向披靡，敌人将其视为"铁猛兽"，纷纷四散奔逃。

（五）鞋履

汉代的履主要有三种：一种是用皮革制成的，也叫"鞜"；一种是上有纹饰花纹的织鞋，即锦履；另一种是麻鞋。"建安七子"之一的刘桢在《鲁都赋》中就曾做过这样的形容"纤纤丝履，灿烂鲜新，表以文组，缀以朱蠙（蚌珠）"，可见其华美高贵。除单鞋外，还有复底鞋，即舄和屐。屐是用木头制成的，下面装有两个齿，形状与今天日本的木屐相似；也有用帛作面的，称作"帛屐"。屐比舄稳当轻便，多用于走长路时穿。女子出嫁，常穿绘有彩画、系有五彩丝带的屐。

魏晋南北朝时期的鞋履与秦汉时期大抵相同，但质料更加考究，制作更加精良，形制也特别丰富。它的一个特点是增加了花样，即或在鞋面绣上彩色花纹，或是将金箔剪成花样，粘贴或缝缀在鞋帮上面。如南朝诗人在《河中之水歌》中所吟咏的"头上金钗十二行，足下丝履五文章"，其光鲜艳丽可以想见。另一特点是履头形式多样，或制成圆头，或制成方头，或制成歧头，或制成笏头，可谓"日变月易"、花样翻新。再一个特点是采用了厚底，出现了用木块或以多层布片、皮革缝纳而成的高底鞋"重台履"等。当时，对履的颜色也有规定：士卒、百工用绿色、青色、白色；奴婢、侍从用红色、青色。

第二节　秦汉魏晋南北朝服饰文化

秦始皇建立了空前的统一的多民族的封建国家，社会性质的变更、国家的统一，给社会生活各个方面带来了巨大的影响。反映在服饰方面，这一时期的服饰一方面继续保留、因袭其原有的式样，同时加以发展；另一方面又吸收各地服饰的式样，以补其原有之不足，具体表现为向繁华方面发展。这一时期秦朝的服饰式样大致有下列几种。

一、秦朝服饰文化

（一）天子冠服

秦朝天子冠服中头衣主要有通天冠。"通天冠，本秦制。高九寸，正竖，顶少斜却，乃直下，铁为卷梁，前有展筒，冠前加金博山述，乘舆所常服也"，又"通天冠一曰高山冠"。秦朝天子所着主要是玄衣绛裳、单衣、袴夹：秦始皇废除了周代六冕之制，郊祀之服，"唯为玄衣绛裳，一具而已"。秦统治者常常用丝织的单衣做常服，荆轲刺秦王时，秦王就是穿着"罗縠单衣"。《释名》曰："单衣言无里也。"单衣实是无里的宽博衣服，湖北云梦睡虎地秦墓出土单衣实物，可证其形制。《事物纪原》云："秦始皇作夹缬。"

天子冠服所用的衣料多出自关东，尤以齐地东阿缯帛最著名。

（二）后妃冠服

秦朝后妃冠服主要有芙蓉冠子、黄罗髻蝉冠子、凤钗、浅黄聚罗衫、浅黄银泥飞云帔、五色花罗裙、衫子、蹲凤头履、金泥飞头鞋等。

秦朝已有妇女装饰用粉的相关记载。自三代以铅为粉。"秦穆公女弄玉，有容德，感仙人萧史，为烧水银作粉与涂，亦名飞雪丹。传以箫，曲终而同上升。"唐代诗人杜牧在《阿房宫赋》里描绘秦宫女施脂抹粉之辞，看来也不是无中生有。

（三）皇太子冠服

史籍关于秦朝皇太子冠服的记载极少，仅知道其头衣是远游冠而已。"远游冠，傅玄云秦冠也。似通天而前无山述，有展筒横于冠前。皇太子及王者后、帝之兄弟、帝之子封郡王者服之。诸王加官者，自服其官之冠服，惟太子及王者后常冠焉。太子则以翠羽为矮，缀以白珠，其余但青丝而已。"

（四）百官之冠服

秦朝百官冠服多取资于东方六国。头衣主要有高山冠、法冠、武冠、绛袙、双卷尾长冠等。

1. 高山冠

《三礼图》曰："高山冠，一曰侧注，高九寸，铁为卷梁，秦制，行人使者所服。"胡广以为出自战国齐王之冠，并曰："传曰'桓公好高冠大带'。秦灭齐，以其冠赐谒者近臣。"据此知服用此冠者是中外官、谒者、谒者仆射。

2. 法冠

"法冠，一曰柱后。高五寸。以纚为展筒，铁柱卷。执法者服之，侍御史、廷尉正监平也。或谓之獬豸冠。獬豸，神羊，能别曲直，楚王尝获之，故以为冠。胡广说曰：《春秋左氏传》有南冠而絷者，则楚冠也。秦灭楚，以其君服赐执法近臣御史服之。""法冠，楚冠也。""始皇二十六年，衣服、旄旐、节旗皆尚黑，法冠皆六寸。"秦采楚制，楚庄王通梁组缨，似通天冠，而无山述，有展筒横之于前。

3. 武冠

"武冠，一曰武弁大冠，诸武官冠之。侍中、中常侍加黄金珰，附蝉为文，貂尾为饰，谓之赵惠文冠。胡广说曰：'赵武灵王效胡服，以金珰饰首，前插貂尾为贵职。秦灭赵，以其君冠赐近臣。'"又"武冠，俗谓之大冠。环缨无蕤，以青丝系为绲，加双鹖尾竖左右，为鹖冠云。五官、左右虎贲、羽林，五中郎将、羽林左右监，皆冠鹖冠，纱縠单衣。虎贲将，虎文袴、白虎文剑、佩刀。虎贲武骑，皆鹖冠，虎文单衣。襄邑岁献织成虎文云。鹖者，勇雉也。其斗对一死乃止，故赵武灵王以表武士，秦施之焉"。

秦朝百官的体衣主要为绿袍深衣、皂袍、五彩鱼鳞甲等。一般来说，袍服均采用深衣制。秦始皇曾明令规定三品以上服绿袍深衣，以绢为之，而庶民则只能穿白袍。秦又规定"司空骑吏皂"。秦始皇兵马俑坑出土的将军俑身材魁梧，内穿朱红色中衣，外套暗紫色短褐，披五彩鱼鳞甲，头戴双卷尾长冠。甲衣是革、札结合的花甲，即胸、背、肩为皮革，腹及后腰的中心部分是金属的小札叶，而且前甲呈倒三角形长垂膝间，后甲衣摆平直齐腰，胸、背、肩的皮革上缀以"带头花"，似表示爵位的高低，因为秦朝十分重爵。

（五）兵士之冠服

根据零碎的文献记载和考古发掘，我们能够了解秦军兵士冠服的概貌。从头到脚的全形服装大致是这样的：长冠—软领与冠缨—袍外披甲—裤—胫缴、胫衣或行縢—勾履或鞮。战国时期，战争连绵不断。战争不仅改良了武器，而且改进了作为护身设备的甲衣。殷周春秋时代护体设备用的是整块兽皮（如犀兕）裁制的皮衣，到这一时期已逐渐为铁铠所代替。《左传》记载："秦师袭郑，过周北门，左右免胄而下。"河北省易县燕下都第 44 号墓出土的一顶由 89 个铁札叶片穿缀的兜鍪（胄）为我们探讨这一时期甲胄的形制提供了一个重要线索。秦始皇兵马俑所披甲衣虽属陶质的模拟品，但真实地反映了秦代士卒穿的甲衣是金属札叶制成的"合甲"。据有的学者专门研究，指出其甲片的编缀法与燕下都44号墓的铁胄相同，当时铠甲已相当完善。秦军的甲衣由前甲（护胸腹）、后甲（护背腰）、披膊（肩甲）、盆领（护颈项）、臂甲和手甲几部分组成，而且，因兵种及身份的不同，甲衣的形制有别。

1. 驭手

驭手即驾车者。头右侧梳髻，罩白色圆形软帽，戴单卷尾长冠。颈围方形盆领，内穿战袍，外披铠甲。肩有披膊，长及腕，手有护手甲。足登方口翘尖鞋，有护腿。

2. 车士

车士即车上武士。一类头戴白色圆形软帽，身穿战袍，外披铠甲，着护腿，足登方口齐头鞋；另一类头戴单尾长冠，身着战袍，外披铠甲，着护腿。

3. 铠甲武士俑

束发挽髻，或戴圆形软帽，身着战袍，披铠甲，着护腿，或扎行縢（裹腿），足登方口齐头鞋。

4. 战袍武士俑

束发挽髻，髻多偏头部右上方。身穿交领右衽短袍，腿扎行縢，足登方口齐头鞋。

5. 跪射武士俑

束发挽髻，髻在头部右上方，用朱红带束扎，披铠甲，着方口齐头鞋。

6. 立射武士俑

束发挽髻，髻在头部右上方。着战袍，穿护腿，蹬皮靴。

7. 骑兵俑

头戴赭色圆形介帻，绘朱色三点一组几何纹，帻后正中有一白色桃形花饰，缨由两侧下垂结扎于颌下。穿紧腰短袍，外披齐腰铠甲，无披膊，袍袖较窄。着紧护腿，足蹬皮靴。冠戴及衣着均较紧细，意在便于骑射。

（六）奴隶和刑徒

在秦朝，奴隶和刑徒最明显的服饰标志是红色，即史书所说之"赭衣徒"。秦朝规定奴隶和刑徒不得冠饰，只允许覆盖粗麻制的红色毡巾。根据睡虎地秦墓竹简的大量记载，刑徒的衣服是红色粗麻编制的褐衣。由于编制十分粗糙，所以制成一件大的褐衣，要用麻18斤，一件中等的褐衣，要用麻14斤。不难想象，穿这样一件褐衣，其负担是多么沉重。

（七）农民服饰

秦朝农民的服饰式样，主要是粗麻、葛等裁制成的褐衣、缊袍、衫、襦等。褐衣实为贫者之服，而缊袍是用旧絮和短粗新绵填制的袍，故称缊袍，显系冬季服装，一般为贫民所服用。又"秦始皇制，三品以上，绿袍深衣，庶人白袍……"可见，秦朝不同阶层服饰有别，规定严格，庶民只能着白色的袍。

据睡虎地秦墓竹简记载，秦朝劳动人民穿的鞋中有一种叫秦綦履的。这种鞋可能是一种有纹的麻鞋，因为在秦朝，庶人不允许穿用丝做的鞋。在居延出土的木简中，关于袜的记载最多。汉族称袜为"脚衣"，贵族用丝帛做成，夏日有用罗的，一般人则用布袜。秦朝大概也如同汉代。

（八）商人

秦朝早期就实行了抑商政策，主要表现在强制迁徙商人、贬低他们的社会地位并让他们远戍边陲等方面。在秦统一六国的过程中及其以后，工商业奴隶主阶层进行了一系列反抗和破坏活动。因此，秦统一全国以后，对这一部分代表奴隶主阶级利益的商人进行了沉重打击，把他们强行迁徙，称为"迁虏"。无疑，这一部分商人在秦朝的社会地位十分低下，其服饰与刑徒相同，即头披粗麻制的红色毡巾，身着红色褐衣。但是，秦朝在对工商业奴隶主阶层实行打击政策的同时，却对原来不属于六国境内的一些大工商业主采取了截然不同的政策与态度。这一部分商人由于社会地位很高，衣着华丽，与秦朝统治阶级衣着相差无几。

（九）博士、儒生

博士、儒生是秦朝一个十分重要的阶层，即知识分子阶层。他们熟谙古代的文化典章仪礼，在服饰方面表现出独特的一面，即既拘泥于古代，但在大动荡之下又有所变革的特征。

《庄子》曰，"儒者冠圆冠者，知天时"，又"进贤冠，古缁布冠也，文儒者之服也。前高七寸，后高三寸，长八寸……博士两梁……小史私学弟子，皆一梁"。《史记》说，郦食其谒沛公，衣儒衣。《后汉书·马援传》曰："朱勃衣方领能矩步。"博士、儒生的衣服大凡与当时流行之服饰质地一样，只是其式样方面有些区别，大概颈下衿领正方是其区别之一。学者们为了表示他们安贫守志，有的冬日着缊袍，夏日着褐衣，显出其贫困朴素。有的虽居朝中，但穿戴并不是十分华丽，有的则干脆隐居深山，这种人在焚书坑儒以后特别多。

二、魏晋南北朝服饰文化

这一时期，一方面因为战乱频仍，社会经济遭到相当程度的破坏；另一方面由于南北迁徙，民族错居，加强了各民族之间的交流与融合。因此，对于服饰的多样化发展还是产生了积极的影响。初期各族服饰自承旧制，后期因相互接触而渐趋融合。服饰上互通互融的过程，即是民族文化、经济交流的过程，这一阶段对于中华民族来说，既是一个考验，又是一次促进，尤其是从中华民族的总体服饰风格来看，是一个颇有意义的阶段。

魏晋南北朝的男子服装以长衫最具特色。衫与袍的区别在于袍有袪，而衫为宽大敞袖。袍一般有里，如夹袍、棉袍；而衫有单、夹二式，质料有纱、绢、布等，颜色多喜用白，喜庆婚礼也可穿白袍。《东宫旧事》记载："太子纳妃，有白縠、白纱、白绢衫，并紫结缨。"看来，白衫不仅可作常服，也可以权当礼服。由于不受衣袪限制，魏晋南北朝的服装日趋宽博。一时间，上至王公名士，下及黎民百姓，均以宽衣大袖为尚。只是耕于田间或从事重体力劳动的人仍为短衣长裤，下缠裹腿，那是劳动的需要。褒衣博带成为这一时期的主要服饰风格，其中当然是以文人雅士最为喜好并穿出特色。众所周知的竹林七贤，不仅喜欢穿这种宽大的长衫，还以蔑视朝廷、不入仕途为潇洒超脱之举。表现在装束上，则是袒胸露臂，披发跣足，以示不拘礼法。当时的裙子也较为宽广，下长曳地，可穿于衫内，也可穿于衫袍之外，腰间以丝绸宽带系扎。

　　魏晋南北朝时期的妇女服饰多承汉制。一般妇女日常所服，主要为衫、袄、襦、裙、深衣等。具体款式除大襟外，还有对襟，这显然是受到北方民族服饰的影响。领与袖施彩绣，腰间系一围裳或抱腰，也称腰采，外束丝带。妇女服式风格，有窄瘦与宽博之别。男子早已不穿的深衣到这时仍在妇女中间流行，并且有所发展，主要变化在下摆部位。人们通常将下摆裁制成数个三角形，上宽下尖，层层相叠，因形似旌旗而名之曰"髾"。围裳之中伸出两条或数条飘带，名为"襳"，走起路来，随风飘起，如燕子轻舞，煞是迷人，因而赢得"华带飞髾"的美妙形容。南北朝时，有些人将曳地飘带去掉，而加上长尖角燕尾，使服式又为之一变。帔是始于晋代并流行于以后几代的一种妇女衣物，它形似围巾，披在颈肩部，交于领前，使之自然垂下。

　　魏晋南北朝时期的北方民族，泛指五胡之地的少数民族。他们素以游牧、狩猎为生，因此其服饰要便于骑马奔跑并利于弯弓搭箭，以致使得其服饰追求便利形成一大特点。春秋战国时期，赵武灵王引进的胡服，即为这种短衣长裤形式。到了这时最有典型意义的服装为裤褶与裲裆。这两种服装随胡族人一起入居中原，对汉族服装产生了强烈的冲击及至改变服饰风格。裤褶，是一种上衣下裤的款式，被称为"裤褶服"。《释名》中释裤即为"袴也，两股各跨别也"，以区别于两腿穿在一处的裙或袍。《急就篇》云：
"褶为重衣之最，在上者也，其形若袍，短身而广袖，一曰左衽人
之袍也。"左衽是说衣服大襟向左掩，这是北方民族的典型服式。
裤褶看上去犹如汉族长袄，对襟或左衽，不同于汉族习惯的右衽，
腰间束革带，方便利落，很自然地使着装者显露出粗犷彪悍之气。
随着南北民族的接触，这种款式很快被汉族军队采用。后来广泛
流行于民间，引得男女都穿。它可作为日常服饰，质料用布、缣，
上施彩绘加绣，也可以用锦缎织成，或用野兽毛皮等质料。

　　裲裆，是与裤褶同时影响中原人服饰的北方民族服装。《释
名·释衣服》称："裲裆，其一当胸，其一当背，因以名之也。"
清王先谦《释名疏正补》曰："今俗谓之背心，当背当心，亦两当
之义也。"观其古代遗物中裲裆穿在俑身上的形象，其形式当为无
领无袖，初似为前后两片，腋下与肩上以襻扣上，男女均可穿着。
一般多为夹服，以缯绢制作，也有纳入棉絮的。后来，裲裆形式
运用于军服之中，制成裲裆铠，以铁皮甲叶制作，套于衬袍之外。
南朝梁王筠曾在《行路难》诗中写道："裲裆双心共一抹，祖腹两
边作八撮……胸前却月两相连，本照君心不照天。"这说明裲裆也
可贴身穿。

　　这种款式一直沿用至今，在南方称"马甲"，在北方称"背
心"或"坎肩"。根据季节气候需要，也有单、夹、皮、棉等区
别，并既可着于衣内又可穿在衣外。穿在衣外的略长，穿在衣内
的略短。

　　北方民族与中原汉族在服饰上互相取长补短，以图不断更新，
由此不仅兼有广、狭两种形式，还演变出一些新的服饰风格，如
上衣紧身、窄袖，下裳宽大博广的整体服饰效果，被东晋学者干
宝在《晋记》中称为"上俭下丰"。另外，如北齐妇女穿着的皮
靴、缘边袍，系扎的革带等，都为汉族人民所吸收，并流传至
后代。

除以上所述的社会条件外，从印度传入中国的佛教至南北朝时的盛行也与服饰发展有着密切关系。一方面，中国人将本国服饰风尚加于佛像身上，这从敦煌壁画以及云冈石窟、龙门石窟雕像中即可看出。另一方面，佛教形象原有的薄衣贴体服饰也让中国人感到新鲜。同时，随佛教而兴起的莲花、忍冬等纹饰大量出现在当时人的衣服面料或边缘装饰上，更给服饰赋予了一定的时代气息。再加上丝绸之路上各民族人民的活跃往来，一些异族风采也极自然地传入中国。如"兽王锦""串花纹毛织物""对鸟对兽纹绮""忍冬纹毛织物"等织绣图案，都是直接吸取了其他国家与民族的装饰风格。

就中国服饰演变和中华民族发展史两方面来看，魏晋南北朝时期是个关键时期。它处于文化交流规模空前扩大的大文化背景下，结出了积极的、互进的交汇果实，既对中华民族的向前发展和更加一体化做出了贡献，又形成了几种对中国人影响深远的服饰样式。

第三节　秦汉魏晋南北朝服饰体态

上下五千年，中国文化博大精深，华夏衣冠，是华夏文明的缩影。纵观历朝历代的服饰，可谓各有特色。总的来说，秦汉服饰古朴庄重，大唐服饰华贵富丽，宋朝服饰娟秀精巧，明朝服饰高雅堂皇，清朝服饰华美雅致……与其他朝代相比，秦汉服饰更加典雅大方，注重细节和色彩的搭配。而魏晋南北朝的服饰给人的印象大概就是"魏晋风度"了。热播口碑剧《琅琊榜》的故事就发生在南北朝。整个魏晋南北朝崇尚老庄、佛道思想。"魏晋风度"也表现在当时的服饰上，宽衣博带成为上至王公贵族，下至平民百姓的流行服饰。女子服饰长裙曳地，大袖翩翩，饰带层层叠叠，表现出优雅和飘逸的风格。配色比较鲜艳，透露出古典美，而整个服饰显得仙气缭绕。下面我们从秦汉魏晋南北朝时期的服饰体态入手，介绍当时的发型、服饰与体态表达，以期大家能够对秦汉魏晋南北朝时期的服饰文化有更加深入的了解。

一、秦汉魏晋南北朝时期的发型与体态表达

汉代女子以梳高髻为美。童谣所说："城中好高髻，四方高一尺。城中好广眉，四方且半额。"虽有些夸张，但犹可窥知汉朝时尚。《鲁元公主外传》就有孝惠皇后张氏"云髻峨峨（高耸的样子），首不加冠而盘髻如旋螺"的记载。女子的髻式很多，有堆在头上的，有分向两边的，有抛在脑后的。发髻的编梳，一般是由头顶中分为二，然后将它们各自编成一束，再从下朝上反搭，绾成各种式样。其中最负盛名的是椎髻和堕马髻。椎髻因为形状与洗衣用的木椎十分相似而得名。堕马髻相传为东汉贵戚梁冀的妻子孙寿所创造。它上垂至背，侧在一边，看似从马上刚刚堕下，因而得名。孙寿梳着这种发髻，与她那画得细而弯曲的"愁眉"、在眼睑薄薄擦上一层油脂的"啼妆"等装扮相配合，显得更加妩媚动人。此外，汉代女子还把发髻盘成各种式样，并在髻后垂一绺头发，名"垂髻"或"分髻"（见图4-2）。贵妇还常在头上插步摇作装饰。这是一种附在簪钗之上的首饰，上面饰有金玉花兽，还有五彩珠玉下垂。因行走时随着步履摇动，故名。也有头戴珠翠花钗，耳垂上插腰鼓形耳珰的。汉乐府《孔雀东南飞》对焦仲卿妻刘兰芝的美貌这样形容："足下蹑丝履，头上玳瑁光，腰若流纨素，耳著明月珰。"奴婢则多用巾子裹头。汉代女子画眉施黛已成风气。眉上施黛，以求艳丽；面上敷粉，以求白皙；颊上涂朱，以求红润。当时的男子也有"胡粉饰貌，搔头弄姿"（《后汉书·李杜列传·李固》），以女性化为美的。这种风气蔓延至魏晋时期尤甚。曹操的女婿何晏，为取悦女人竟以服药美化容貌，并常"服妇人之服"（《晋书·五行志》）。

图 4-2　汉景帝阳陵塑衣式彩绘直立侍女俑

　　魏晋南北朝时期，汉族女子的发式也很有特点。在一些贵族女子中间，曾流行一种名叫"蔽髻"的发式。它实际上是一种在髻上插有金银首饰的假髻。这种假髻大多很高，有时无法竖起，只好搭在眉鬓两旁，与蓬松的鬓发相配，造成一种雍容华贵的特殊效果，所以有"缓鬓倾髻"（《晋书·五行志》）的说法。命妇的假髻所用饰物有严格规定，按金钿多少区分等差。随着假髻的盛行，人发供不应求，假髻的价格相当昂贵，贫家女子无力置办，只好向人求借，故时有"借头"之说。而东晋名士陶侃之母早年因家贫无力待客，忍痛剪下自己秀发卖钱沽酒这类逸事，也正是在这样的环境下才能产生。

　　魏文皇后甄氏所梳"灵蛇髻"也曾名噪一时。《采兰杂志》记载，甄氏被纳入魏宫后，常看到一条绿蛇在其寝宫中爬来爬去。每当甄氏梳妆，它便盘作一团，出现在甄氏身边。甄氏感到很奇怪，于是就模仿它盘绕的形状梳成各种髻式。结果，发髻巧夺天工，每日不同，深得天子的喜爱和妃嫔的欣羡。

　　当时的普通女子除将头发绾成各种各样的髻式外，也有借用假髻来增加魅力的。但其结构比较简单，且不能使用金钿首饰。还有不少女子模仿西域少数民族女子，将头发绾成单鬟或双鬟髻式，高耸在头顶之上。也有梳丫髻或螺髻的。南朝时，受佛教人物衣着打扮影响，女子多在发顶正中分出髻鬟，梳成上竖的环式，因而有"飞天髻"之称。

其实从很多文物上就能看出，秦汉时期的女性将一头青丝打理得整齐服帖，是件不太困难的事，因为她们已经拥有了一整套梳头工具。西汉人喜欢用一种名叫"香泽"的护发用品，滋养自己干枯的发尾，再用篦子刮去头上的皮屑和发间的虱子，最后用梳子将一头秀发挽成发髻，收拾整洁。

在汉代，女子的发型，不仅是个人偏好的体现，而且是年龄与身份的象征。女孩年幼时，父母常给她梳双丫髻，这种发型又叫作"总角"，即在头顶扎两个对称的小发髻，余下的头发或披散开，或围绕两个发髻向上盘旋。总角将伴随女孩成长到15岁，也就是汉代女子成年的年纪，这时候就可以将头发梳理成一个发髻，举行加笄礼仪了。所谓"笄"，是一种发簪，挽发髻、加发簪，意味着女性成年，可以谈婚论嫁、承担社会责任。这种用发型变换来体现年龄与身份的做法，从周代便广泛在社会各阶层中流行，一直延续到明清。1966年，在江苏省苏州市虎丘乡新庄出土的《明宪宗元宵行乐图》中，就画着头梳总角的小女孩形象。

西汉成年女性的发髻主要分为两种，一种是将头发高高梳在头顶的高髻，另一种是任青丝自然下垂、在脑后梳个花样的垂髻。其中，垂髻最为流行，大概也是众多古装剧观众最常见的汉代女子发型。

垂髻将女性秀发柔顺、黑亮的自然之美展现得淋漓尽致。张衡在《西京赋》里写道："卫后兴于鬓发。"汉武帝的皇后卫子夫生了一头漂亮的头发，也正是因为有秀发的加持，她被偶然驾临平阳侯府邸的汉武帝相中，从此开启了传奇的一生。不难想象，或许正是因为搭配着垂髻这样的发式，卫子夫这位大汉皇后的风采愈加夺目，使得千百年后的人们仍然记得她的美丽。

虽然垂髻不是两汉通用发型，但它的历史的确也算得上源远流长。如今去汉阳陵、马王堆汉墓等景区游玩，走进博物馆，你会发现大量汉代女俑都是梳着精致的垂髻的贵族女性及宫人。对西汉时期更广大的中下层女子而言，垂髻当中方便简单的椎髻，或许是更为流行的发式。椎髻便于生产生活，因此从战国时期便开始流行，一直到东汉都经久不衰。成语"举案齐眉"的女主人公孟光，就曾梳着椎髻。孟光在刚嫁给东汉隐士梁鸿时，衣着华丽、妆发精致，却遭到梁鸿冷落，后来孟光改换了椎髻，穿上布衣，才得到梁鸿喜爱。椎髻是一种象征朴实、勤劳的发式，与好看的皮囊相比，梁鸿更看重的是妻子勤俭持家的能力。

由于垂髻简单大方，西汉女性在梳好后大多不加发饰。偶有佩戴发饰的女子，但其佩戴方式与后世存在着较大差别。西汉女子不喜欢将发钗、发簪插在低垂的发髻上，而是将饰品佩戴在鬓角上，使步摇上的流苏垂于额头。步摇这种发饰深受上层女子喜爱，20 世纪 70 年代出土于湖南省长沙市马王堆一号汉墓的帛画就勾画出女性墓主人额前插步摇的形象。即便到了西汉末年，一些贵妇放弃垂髻，转而梳上高髻时，也会佩戴步摇。1981 年，在洛阳西工汉代大墓出土的壁画《夫妇宴饮图》中，年轻的贵族女子头上就戴着一顶树枝状的金步摇。西汉时期，金步摇属于礼制配饰，因此绝大多数女性和这种精美的头饰无缘。随着社会经济的发展和时尚潮流的演变，汉代之后，金步摇终于可以闪耀在寻常女子的头顶发梢，成为诗歌作品中屡见不鲜的首饰意象。

女子发型从西汉到东汉有着漫长的发展过程，如果一定要为两汉女子发型断代的话，东汉与西汉相比，最大的区别在于更加绚丽多彩。东汉时期，国家财富有所增长，社会氛围也比西汉早期更为宽松，逐渐富裕的贵族女性，将更多的心思与精力花在梳妆打扮上，因此发型花样繁多，发式越来越华丽。

这一时期，高髻得到了女子的青睐。顾名思义，高髻就是将一头秀发梳在头顶，盘发方式烦琐复杂，因此多为妃嫔、贵妇、官宦小姐所梳。汉代童谣曾唱道："城中好高髻，四方高一尺。"不难想象当时的上层妇女们梳着高高的发髻，浩浩荡荡出现在正式场合的盛况。

东汉的女孩子爱漂亮，也喜爱追逐时尚，甚至出现了引领时尚潮流的"美妆博主"。《后汉书》记载，当时大权臣梁冀的妻子孙寿"色美而善为妖态，作愁眉，啼妆，堕马髻，折腰步，龋齿笑，以为媚惑"，梁冀也跟着"改易舆服之制，作平上軿车，埤帻，狭冠，折上巾，拥身扇，狐尾单衣"。意思是，孙寿长得美，而且也擅长打扮，发明了中国最早的"啼哭妆"，眉头蹙起，满面愁容，乍看之下如诉如泣，惹人怜爱。孙寿走起路来一扭一扭，婀娜多姿。有趣的是，孙寿的夫君梁冀也没闲着，夫妻俩一个忙着创新妆容、步态，一个忙着创新服装搭配。此外，孙寿还发明了堕马髻，这种发髻松松垮垮，偏向一侧，望之如女子从马上摔下，搭配啼妆愁眉，更添妩媚。一时间，孙寿的妆容、发型、步态被妇女们争相模仿，堕马髻也得名"梁家髻"。

与西汉相比，东汉女性的发饰更显丰富华美。在郑州市区西南6千米的新密市打虎亭汉墓壁画上，有几个梳着花钗大髻的妇人，高高的发髻上横竖插着数支发钗，有的还头戴额巾，在宴饮聚会中愉悦交谈。面对这一反映世俗场景的画面，我们即使隔着2000余年的艰辛路回望，依然能感受到她们的从容与优雅。

魏晋时期是个动荡与开放并存的时代，这一时期女子的发型一方面沿袭着东汉的发式，另一方面又存在着极具生命力的创造与创新。

魏晋时期，宫廷女性中还曾流行惊鹤髻。这种发髻在头顶分叉，宛若鹤鸟的两扇翅膀，做出展翅欲飞的模样。当时的魏宫人梳着惊鹤髻，画着长眉，摇曳生姿地走在深宫之中，给了曹魏末年身处政治旋涡中的皇帝莫大的心理慰藉。惊鹤髻是一种经久不衰的发型，唐代的长安街头依旧可以觅见它的身影。

　　魏晋时期女子对鬓发的处理可谓别出心裁、五花八门。当时曾流行过长鬓、薄鬓、缓鬓等多种样式。长鬓即将鬓角头发留长，一直长至胸部。留着长鬓的女子行走起来，两条鬓发随风摇曳，宛若仙子。薄鬓则是将鬓发梳理成薄薄的发片，并使发片的一部分紧贴脸颊。相传薄鬓是魏文帝宫中莫琼树所创，可谓除了灵蛇髻外另一个借助曹丕名垂青史的发式了。如若今天的女性穿越回魏晋，最喜欢的鬓式或许是缓鬓，这是一种宽大的鬓发造型，利用鬓发将耳朵遮住，显得脸型小巧精致。

　　缓鬓倾髻离不开重要的发饰——假发。魏晋时期，中国的假发制作工艺已经较为成熟。假发的历史可以追溯到周代，《庄子·天地》中曾说"秃而施髢"，这里的"髢"就是假发。对贵族妇女而言，戴假发并不是一件罕见的事。《周礼·天官冢宰》记载，当时有个官职叫作追师，专门掌管发饰，供身份尊贵的妇女在出席重大场合时佩戴，假发也包括在内。制作假发的材料，既有真人的头发，也有黑色丝绒，甚至还有木头。关于周代假发制作，还有一个令人哭笑不得的"爱情"故事。春秋时的卫后庄公发现戎州人已氏的妻子生了一头美丽的秀发，于是命人把已氏妻子的头发剃下来，给自己心爱的妻子吕姜做了假发。秦汉时期，假发成了上流社会的梳妆好搭档，大名鼎鼎的西汉马王堆墓葬中就有一束辛追夫人的假发片。到了魏晋时期，佩戴假发的风气传遍整个社会，平民女子也想在出席重大场合时梳缓鬓倾髻，于是就跑去租借假发，由此还产生了一个今天听起来略显恐怖的名词——借头。贫寒女子则从假发行业中看到了商机，通过贩卖自己的头发补贴家用。《世说新语·贤媛》就记载了一个"截发留宾"的故事，说陶渊明的祖父陶侃幼时家贫，他的母亲湛氏为了招待贵客，就剪下头发卖钱换米。

　　甘肃酒泉丁家闸晋墓内壁画为我们展示了一组随性放纵的发

型——不聊生髻。若以今天的审美看待这款魏晋时期的爆款发型，大约会觉得有些许古怪。不聊生髻有一种凌乱之美。然而这种发髻却彰显了魏晋时期发型的重要特征：高髻垂髾。所谓"垂髾"，即梳完发髻后不处理发尾，任由其自然垂下。垂髾在汉代就已经出现，一直延续到南北朝，体现了发式的传承性。

二、秦汉魏晋南北朝时期的服饰与体态表达

秦汉服饰体现了中国古代服装文化的特点，既具有鲜明的时代特色，又与人的体态完美契合。秦汉时期的男性服饰以长袍为主，这些长袍通常是大袖子，袖口有所收敛，领子和袖子装饰有花边，领子多为袒领，呈鸡心式，便于露出内衣。男性还穿着长裤，裤脚有时会卷起或扎裹腿，便于劳作。女性服饰主要分为两大类，深衣和襦裙。深衣是秦汉时期女性的流行服饰，衣襟转折层数增多，下摆也相应增大，展现出女性的身体曲线。襦裙由上襦和下裙组成，上襦短至腰间，裙长至地，这种组合在汉代尤为流行。

1974 年，秦始皇陵兵马俑（见图 4-3）坑的发现震惊世界。秦俑的着装既很好地反映了秦朝服饰的特点，也充分地体现了中国不同于西方的人体审美观念。那么着装的秦俑是怎样体现出秦代军人的体态美的呢？

图 4-3　秦始皇陵兵马俑

在整体把握秦俑是一种反映群体的人体美的基础上，我们来具体了解一下秦俑人体美的体型体态之美。专家们经过综合分析，把秦俑的体型分为九型：一型为"力士型"，二型为"高大型"，三型为"壮士型"，四型为"修长型"，五型为"凹腰、鼓腹型"，六型为"瘦小型"，七型为"中等型"，八型为"立射俑型"，九型为"跪射俑型"。与此对应，我们也可以尝试把秦俑的人体美具体分为九类，即力士美、高大美、壮士美、修长美、凹腰鼓腹美、瘦小美、中等美、立射美和跪射美。

力士美主要反映在力士俑身上，以力为美。力士型的主要特征是身体粗壮，五官粗犷，大头阔面，肩阔腰圆，立如铁塔。最为典型的代表是一号坑的 T2G2：97 号俑，通高 197 厘米，膀宽 55 厘米，重达 265.35 千克。他是战车上的军吏俑，头上戴着冠，身穿双重长襦，外披彩甲；五官粗犷，身材高大魁梧，膀宽腰圆，昂首挺胸加上微微凸起的腹部，双手交垂于腹前做拄剑状，威风凛凛，有不可动摇之势，是秦军中的锐士形象。

高大美是指高大型俑的人体美特征，以长为美。高大型的秦俑身材较一般俑高大，长腿猿臂，长方形脸庞，整个造型突出一个"长"字。如一号坑标本 T：12 号俑，头戴长冠，身上穿着长襦，外披铠甲，胫部缚着护腿，形体宽扁高大。其通高 196 厘米，膀宽是 42.4 厘米，腰围为 93.8 厘米，臂长有 47 厘米，手长有 19 厘米，腿高为 94 厘米，脚长是 27.4 厘米，形体各部分之间都显示了一个"长"字。

壮士美是指秦俑中壮士型之美，他们一般为中等以上身材，上下线条笔直，或者上圆下方，其型如柱，稳固健壮。第四类修长美主要表现在修长型俑身上，以和谐为美。这类俑的主要特征是面庞俊秀，形体修长，上下匀称，各部分的比例协调。凹腰、鼓腹型的俑多为中等身材，身体有一定的曲纹旋律，如一号坑出土的 T：111 号俑，削肩束腰鼓腹，下体的衣摆微微向后摆动，双臂内扁外圆，整个形体显示了曲线变化的旋律，头的造型也较为特殊，扁圆的面庞上长着络腮大胡，头顶的左侧绾着高大的圆锥发髻，给人清新活泼之感。

瘦小型的俑一般身体细瘦低矮，双肩狭窄，腰部很细，加上窄长的"目"字形脸，双腮瘪凹，像是瘦弱的老战士形象，展现出秦俑军队参差不齐的真实美。中等型的典型特征是中等身材，形体扁宽，肩膀宽绰，扁长形面庞且身体各部分比例匀称，如一号坑的 T：8 号俑，通高 190 厘米，肩宽 46.5 厘米，腰围 87 厘米，臂长 64.7 厘米，体现出一种和谐匀称的"中等"美。数据的差异突出了不同类型俑之间的差异，共同构成丰富多样的整体。

立射美主要是指立射俑的人体形态之美。第八型立射俑在秦俑中是一个较为特殊的兵种，一号坑目前只发现一例，即 T：4 号俑，二号坑发现较多，其双足一前一后呈丁字形站立，前腿拱起，后腿绷直，上体保持笔直，但头和身略向左侧转；左臂半举，右臂横曲于胸前，作持弓弩引而不发之态，造型以圆筒形的躯干为中轴，双臂及双腿的动作相互呼应，左右平衡对称，重心在下，力感和稳定感很强，通高有 186 厘米，肩宽 44 厘米，腰围 85 厘米，臂长 72 厘米。立射俑在军阵前面，身上穿着轻便战袍，头发束起并挽着髻，腰上系有革质的带子，脚上蹬着方口翘尖的履，一副轻便灵活的样子，与跪射俑一起组成弩兵军阵。

跪射美是指跪射俑的人体美，同时由于跪射俑在秦俑群体中的显著特征，很早就有学者进行分析研究。在二号坑的东部，一眼就能望见立射俑后面穿着战袍、披着铠甲、拿着弓弩的跪射俑，他们位于军阵的中心地带。

用望远镜放大看，你能看到他们头顶左侧的发髻，还能看到他们脚上穿的方口齐头并尖端微翘的履，细心的话，还能看到他们的鞋底上那些疏密有致的针脚。他们一般左腿弯曲，右膝着地而跪，身体向左侧的同时，双手在右侧一只高一只低，像是在使劲拉弓，非常生动，以此成为关注的焦点。这是因为跪射俑的上体笔直挺立，下部右膝、左足和右足尖抵地，三支点呈等腰三角形，支撑着上体，使整个造型近似三角锥体，重心在下，更加强了力感和稳定感。跪射俑的发髻偏于头顶左侧，与位于胸右侧的双手一左一右对称，整体造型协调均衡，很是美观。

体型是人物塑造的整体布局，秦俑体型的基本形态如座钟，以圆筒形或近似圆筒形的躯干为中轴线，重心左右均衡对称，稳固、安定、浑厚，凝聚力强。在兼顾整体的基础上，相对熟练地运用了人体的比例和对称等一般规律，比如粗壮的躯干与粗壮的四肢和阔面大头相配；高大的身躯与长腿、猿臂和长方面形相配；修长身形与清秀面庞相配；瘦小的身体则与窄长的"目"字形脸相配等，都顺乎自然，比较协调和谐，给人以美感。

汉代的审美具有宏伟的气魄、鲜明的兼容性和综合性。"城中好高髻，四方高一尺。城中好广眉，四方且半额。城中好大袖，四方全匹帛。"一曲《城中谣》道尽了汉代审美。

汉代受荆楚风尚影响，女子以纤长、清瘦为美。传说中能做掌上舞的赵飞燕就是其中的佼佼者。《孔雀东南飞》中写道："鸡鸣外欲曙，新妇起严妆。著我绣夹裙，事事四五通。足下蹑丝履，头上玳瑁光。腰若流纨素，耳著明月珰。指如削葱根，口如含朱丹。纤纤作细步，精妙世无双。"刘兰芝腰间束着流光的白绸带，十个手指像尖尖的葱根又细又白嫩，是典型的汉代美人。

汉代女子好穿深衣，在深衣的紧紧包裹下，更能凸显出好身材。汉代深衣分两种，一种叫"曲裾"，衣摆呈喇叭状拖在地上，通体紧窄，走起路来莲步姗姗，摇曳生姿。另一种叫"直裾"，当时裤子还是无裆的，直接穿在外面不是很雅观，故以直裾遮挡，直裾上身也比较紧窄，以腰带紧束，将女子的小细腰展露无遗。

华贵的服饰是地位高的象征，诗人在描写贵族女性外貌时自然会着重笔墨。西汉深衣制，上襦下裙，街市罗衣飘飘。东汉乐府诗人辛延年作《羽林郎》，有一段形象的描述，"胡姬年十五，春日独当垆。长裙连理带，广袖合欢襦。头上蓝田玉，耳后大秦珠。两鬟合宛宛，一世良所无。一鬟五百万，两鬟千万余……"

220年至589年是我国的魏晋南北朝时期。魏晋南北朝在汉服历史上是破立并举的时代。魏初，文帝曹丕制定"九品中正"官位制度，"以紫绯绿三色为九品之别"，从色彩上定制了官位高低，一目了然。此制历代沿袭，直至元明。同时，魏晋时期打破两汉等级森严的冠服制度，如不论文武官员、平民百姓，皆以幅巾束发，取代了以往拘谨的冠帽，一时间各种头巾花样百出，令人眼花缭乱。

南北朝时期，北方少数民族入主中原，北魏孝文帝全面强推汉化改革，从礼俗、语言到服装一律汉化；同时，北方民族的短衣装束袴褶，逐渐取代了以往的深衣袍服，成为民间的主流服装。北朝末期，脱胎于鲜卑帽的幞头首次出现雏形，开创了我国男装独特的首服标志，此后流行一千余年。

在中国古代的传统社会里，读书人永远是引领风尚的精英阶层。战乱时期的魏晋文人更是当仁不让，他们把自己对时代的不满以狂狷的形式发泄出来：着宽袍，啸傲山林，纾解郁闷……在他们夸张的服饰的引领下，以往礼制严谨的冠服制度不再流行，拘谨的套装形式逐渐被"褒衣博带"所替代。自由自在的宽衫大袖成了魏晋时期的时尚标志，先秦至汉代的深衣制自此已基本消失。

据传，魏晋时，贵族及士人阶层流行服用一种药物——"五石散"。此药性燥，服者全身发热，面若桃花，体力强健，仿佛毒品般令人一时心迷神醉。为了散发药性，服后必须吃冷食，饮温酒，洗冷水浴，穿宽松衣服行走。若药性不能散发，须用药发之。故"五石散"又称"寒食散"。当时许多长期服食此药者皆因中毒而丧命。竹林七贤是"五石散"的拥趸，时常服用。吃了药后，他们就穿着宽松的袍服，相邀饮酒，啸聚山林，行为放浪不羁。由于他们是名士，所以这副派头就成了魏晋风度的注脚。可见当时文人中流行的宽袍大袖亦即褒衣博带，本来是为了消解"五石散"而产生的一种实用性服装，却因为名士的引领而成了时尚，并发展演变为一个时代的符号。

相传东晋大画家顾恺之读了曹植的《洛神赋》后，一时惊艳，有感而绘《洛神赋图》，为后人勾勒出了那个时代的万种风情。图中女性人物手持塵尾，身着广袖襦裙，衣带飘飘，仪态曼妙，宛若仙女。所谓广袖襦裙，裙外有围裳，围裳下饰以三角形的襳髾，即"杂裾垂髾"。两汉时就已出现这种带装饰的服装，称"袿衣"。袿衣的底部有上宽下窄、呈刀圭形的两个尖角，称为"裾"。袿衣之下以裳为衬，是当时贵妇的常服。南朝之后这种装饰逐渐消失。但此类带有飘逸的襳髾装饰的襦裙，后来被神化为神仙服饰。图中男主角即为曹植，头戴远游冠，着上襦下裳加蔽膝，衣袖宽大，腰系绅带，脚踏笏头履。其身边的男侍从手持华盖，头戴笼冠，身穿袍服，束绅带，下穿大口袴。侍女头戴笼冠，身穿大袖襦裙，其中一人携着坐具。

顾恺之的另一幅作品《女史箴图》乃依据西晋名臣张华的文章《女史箴》而画的一幅插图画卷，描绘了汉代宫廷妇女的道德故事。原画共十二段，现存九段。《女史箴图》中的第四段画面为梳妆图：画中一位贵妇，席地而坐，外罩大袖纱罗袍服，着三重衣，帔领绕肩，对镜观容。身后梳头的侍女身穿襦裙，头梳垂髾发式，插树形步摇，体态婀娜。旁边的镜台和装脂粉的漆盒皆为汉代式样。《女史箴图》中的第七段画面：图中一男一女，男子头戴委貌冠，身穿薄如蝉翼的纱罗直裾袍，前系蔽膝。女子身穿有围裳的广袖襦裙，"杂裾垂髾"从围裳下飘逸而出，外罩薄如蝉翼的纱罗外衣，姿态曼妙，恰如左思《三都赋》中所描绘的"纤长袖而屡舞，翩跹跹以裔裔"。《女史箴图》中的第九段画面：图中三个女性头插树形步摇，梳汉代发式；身穿广袖襦裙，腰束绅带，围裳下垂"杂裾垂髾"。顾恺之画的虽是汉代人物故事，发式、用具皆为汉代式样，但服装却为东晋样式，无论男装女服，尺寸均比汉代宽松许多，佐证了魏晋风度是从深衣制演化而来的新时代新风尚的观点。

由两汉而至魏晋南北朝，女子衣着的较大变化是风格上转向"上俭下丰"。始于汉代的襦裙套装发展至晋代，变成上衣短小贴身，下裙宽大。女性服饰以上襦下裙为主，并以体态修长、柔媚为时尚。以曲裾深衣的秦汉遗俗为基础，加之北方传入的文化元素，发展出一种杂裾垂髾服。上衣的长飘带曰"襳"，固定在长裙下摆的燕尾状装饰曰"髾"。主要款式特征为上身紧窄，袖子宽大，下摆多重，有飘带，整体感觉宽博飘逸，似仙人踏云而至，表明此时人们的观念已由自然质朴转向奢华雕琢。飞襳垂髾虽然惊艳，流行时间却很短暂，至唐代，除了舞伎，再无人穿着。

魏晋南北朝的贵族妇女同男人一样，脚下穿着高翘如墙的笏头履、重台履，高翘的鞋头饰以花纹，可将曳地的衣裙收揽，便于迈步，同时显示优雅而摇曳的步态。梁简文帝有诗《戏赠丽人》，一句"罗裙宜细简，画屧重高墙"生动地描写了这一时代风尚。

顾恺之根据西汉名儒刘向编撰的《列女传》所绘制的又一幅传世名画，风格类同《女史箴图》，原画分为八段，共绘制二十八人。图中的淑女头插步摇，穿大袖衫、曳地长裙，腰束绅带，风姿绰约，翩若仙姬。令人想起南北朝著名诗人庾信《奉和赵王美人春日诗》中的诗句"步摇钗梁动，红轮帔角斜"。

思考与练习

1. 简要阐释秦汉魏晋南北朝时期服饰的特点。

2. 你还了解哪些秦汉魏晋南北朝时期的服饰文化？

3. 你去看过秦始皇陵兵马俑吗？选择一个你喜欢的兵马俑造型，分析秦朝时期男性的服饰与体态关系。

第五章　隋唐五代服饰与体态表达

【学习目标】

能够了解隋唐五代服饰发展和服饰文化，掌握隋唐五代服饰与人物体态表达。

【学习任务】

找一幅自己喜欢的隋唐五代时期的人物绘画，分析其服饰特点和体态语。

第一节　隋唐五代服饰发展

从隋开国经唐到五代十国，历经 380 年，随着政局的变动和经济、文化、生活条件的改变，人们的衣着穿戴也发生了一系列变化。

从杨坚建立隋朝到杨广被绞死，隋朝只存在了 38 年。隋炀帝杨广于604年继位后，建立隋代服制，帝王将相各着其服，"隋代帝王、贵臣多服黄纹绫袍，乌纱帽，九环带，乌皮六合靴"（刘肃《大唐新语》）。隋炀帝令百官、平民不得用黄色服装，于是黄袍成为隋代以后历代帝王专用服装，黄色便成了皇帝专用的服色。隋炀帝荒淫无度，在民间大选宫女以供享乐。宫女们争奇斗艳，上有彩珠映鬓，下有锦缎裹身，以求得宠，形成服饰艳丽之风。

唐代衣冠服饰承上启下，博采众长，是我国古代服饰发展的重要时期。史书记载和考古实物证明，唐代纺织业很发达，能生产绢、绫、锦、罗、布、纱、绮、绸、褐等。丝织品花色繁多，光彩夺目，为服饰制作提供了丰富的材料。唐代的绞缬织物，有小簇花样，如蝶，如梅。染色工艺还有"夹缬""蜡染"，产品花样翻新，琳琅满目。唐代艺术园地绚丽多彩，山水画、人物画驰名中外，高超的艺术造型和独特的审美观念给当时的服饰设计创造了优越的条件。唐代服饰的特点是：官服质地款式更加讲究，幞头形制富于变化，品色衣形成制度，胡服颇为盛行，女服艳丽多彩。

五代十国时间较短，服饰大体沿用唐制，但首服有些变化。

一、隋唐五代服饰特点

由于隋唐时期是我国封建社会的繁荣时期，所以不仅中外交流空前频繁，而且民族融合也在魏晋南北朝的基础上得到了进一步的加强。这一状况，使得魏晋南北朝以来少数民族服饰对汉族服饰的影响得以沉淀和固化，从而使隋唐五代服饰出现了以下新特征。

第一，标志官品高下的品色服正式确立。从唐高祖李渊开始，就对大臣们的常服进行一系列规定，此后历太宗到高宗时期，正式确立了根据不同官品来穿戴不同色彩服饰的制度。这一制度，不仅使黄色成为皇帝的专用颜色，黄袍成为皇帝的专利和代名词，而且黄、紫、红、绿、青、白等颜色的等级序列，自此以后，也成为历朝各代的品色服定制。

第二，胡服不断蔓延，渗透到社会各个阶层。在隋唐五代时期，除朝廷规定的法服以外，从帝王显贵到一般的平民百姓都倾心于胡服，因而从当时服饰的总体风貌来看，呈现出多民族、多元化的格局。

唐代以前的传统服饰，为宽长的大袖，交领或直领，没有圆领，下裾不开衩。由于人们对胡服的倾心和崇尚，所以到唐代，原来传统的服饰也发生了某些变化，如受鲜卑族服饰窄袖、圆领的影响，男服的袍和襕衫（深衣）出现了小袖和圆领，下裾也改为开衩。唐朝人把这样的袍衫称为缺胯袍、缺胯衫。与男子的服饰，也就是这种胡服与传统汉服结合进行改造的情况不同，女子的服饰，基本上是原封不动地采用胡服，即史书中所谓"仕女衣胡服"。

第三，长期处于男子服饰附庸地位的女服开始发生新变化。隋唐五代经济文化的高度繁荣和宽松开放的文化氛围，在服饰上打下了深刻的时代烙印。尤其是妇女服饰，在这一时期堪称唐代服饰款式新潮的晴雨表，其式样之繁多，质地之考究，工艺之精良，但需程度之空前，均大大超过前代。

妇女服饰的这种新风潮，除前面我们所举的服装以外，还表现在以下几个方面。

其一，女性服装男性化，妇女"着丈夫衣服靴衫"。我们从有关唐代的壁画和出土俑可以看出，唐代女性穿戴男性服装的现象相当普遍。这种女性服装男性化，除了表明在唐代政治开放形势下，女子地位上升，也反映了唐代妇女刚健强悍的审美追求。当然，这种服饰新潮之所以能够得以长盛不衰，也与武则天不无关系。

其二，妇女穿着戎装，成为唐代妇女服饰的又一道风景线。魏晋南北朝以来妇女尚武的习俗在这一时期得以流行，唐代服饰受到影响，妇女特别喜欢穿着戎装。考证唐代妇女着戎装，应该说是与唐朝创建过程中妇女冲锋陷阵有关。唐高祖的女儿平阳公主曾在陕西省鄠县（现鄠邑）司竹园起义，成为唐初著名的巾帼武将，她手下的将士中有不少是妇女。唐朝建立以后，这种妇女尚武习俗一直流传。

其三，空前绝后的袒露装。唐代妇女不受礼教的束缚，敢于大胆地显露自己的身体，展现身体的曲线美，出现了空前绝后的袒露装。

其四，款式繁多的裙子，使妇女服饰在外观上姿态万千。隋唐时代裙的式样名目繁多，在文献中屡屡出现的名称便有石榴裙、柳花裙、藕丝裙、珍珠裙、翡翠裙、郁金裙、花笼裙、百鸟裙等。有的是指质地、颜色、款式，有的是指工艺。在众多的裙服中，石榴裙最为有名。从工艺上讲，有绣花、染缬（在织物上染色显花）、作画、镂金、穿珠、嵌宝石等，使隋唐裙更加典雅华贵、富丽堂皇。如《隋书》载："隋大业中，炀帝制五色夹缬花罗裙，以赐宫人及百僚母妻。"又如唐中宗的安乐公主有一件单丝碧罗笼裙，"缕金为花鸟，细如发丝，大如黍米，眼鼻嘴甲皆备，瞭视者方见之"。再如，她的两件百鸟毛裙，"正视为一色，旁视为一色，日中为一色，影中为一色，而百鸟之状皆见"。

五代自后梁开平元年（907）至南唐交泰元年（958）历经50余载，服饰大体沿袭唐制，但也有不同，即幞头巾子变化明显。"五代帝王多裹朝天幞头，二脚上翘。四方僭位之主，各创新样，或翘上后反折于下；或如团扇、蕉叶之状，合抱于前。伪孟蜀始以漆纱为之，湖南马希范二角左右长尺余，谓之龙角，人或误触之，则终日头痛。"（《幕府燕闲录》）唐、宋二代幞头样式不同，中间经历了五代时期的转型样式。后唐李存勖即位后，尚方进御巾裹，有圣逍遥、安乐巾、珠龙便巾、清凉、宝山、交龙、太守、六合、舍人、二仪等数十种。南唐韩熙载在江南造轻纱帽，人称"韩君轻格"。这种巾式，上不同唐，下不同宋，比宋代东坡巾要高，顶呈尖形。

南唐的女裙也自有特点。韩熙载任中书侍郎时，广蓄歌伎，日夜宴饮。后主命画家顾闳中夜至其第窥伺，故回来后凭记忆绘成《韩熙载夜宴图》，描绘了五代时期姬伎歌女夜宴的场面。我们从中可以看到当时女性的服饰特点。她们的发式具有唐宋之间的转变形式，其裙束得比唐代的低，裙带较长，披帛比唐代的窄长。

前蜀建立者王建喜欢戴大帽，但又担心因与众不同，外出时会暴露自己，不够安全，于是下令平民百姓都戴大帽，形成举国上下戴大帽子的风尚。他的儿子王衍自制夹巾（一作尖巾），其状如锥，庶民都来效仿，晚年竟尚小帽，称之为"危脑帽"。

妇女缠足，可能起于五代。五代时，南唐皇帝李后主有个宫女用帛缠足，足形弯如月牙儿。她在六尺高的金制莲花上轻盈起舞，很受李后主的宠爱。"金莲"便成了妇女小脚的代名词。此后，缠足之风愈演愈烈，残害中国妇女达千年之久。

二、隋唐五代服饰色彩

唐代丝织业的发达，也表现在印染技术的创新上。官府练染作坊规模宏大，分工细密。《唐六典》记载，织染署下设"练染之作有六：一曰青，二曰绛，三曰黄，四曰白，五曰皂，六曰紫……凡染，大抵以草木而成，有以花叶，有以茎叶，有以根皮，出有方土，采以时月，皆率其属而修其职焉"。宫中亦有染坊，张萱《捣练图》描绘的就是专业捣练作"白作"的操作情景。染料以植物染料为主，靛蓝等染料已作为商品出口到西亚等地。

在印染工艺方面，唐代也有新的创造。在绢帛上印花的工艺主要是夹缬。所谓的夹缬染法，实际上是直接印花法，它是用两块相同的镂花版模，将待染的布帛夹紧后，再在镂空处刷色，即可得到左右对称的花纹，有染两三种色彩的，也可在镂空处涂防染剂，去版后浸染，可得色底白花的成品。这种染法虽在隋代偶然采用过，但真正流行却在唐代。此外，从有关出土实物来看，唐代还有一些新的印染工艺，如敦煌出土的凸版拓印的团窠对禽纹绢。这种印染工艺，据有的学者研究，属于东汉后已失传的凸版印花技术。介质印花是以助剂为印染原料，不能直接印染，须根据染料的性能进行浸染。一是碱剂印花，着碱处生丝胶膨胀，印花后水洗，丝胶脱落，显出白色花纹，也可再次入染，利用生熟丝吸色率的不同产生深浅不同的色彩效果；二是用明矾胶浆粉之类的媒染剂印花或清除媒染剂印花，可利用酸碱中和印染绛底白花。

唐代的介质印花技术的日趋成熟，是我国古代印染技术的一大进步，从此以后，印染技术发展到了一个新的阶段，为服饰花色品种的增多奠定了基础。

五代是我国服饰发展的重要时期，在这一时期，人们穿着的服饰色彩也有非常严格的标准。630 年至 674 年间，当时官员们身上穿着的官服颜色都是根据他们的官职品阶来划分的：三品以上穿紫色、四品深绯色、五品浅绯色、六品深绿色、七品浅绿色、八品深青色、九品浅青色，而庶人则是穿黄色。

受丝绸之路的影响，当时的服饰风格吸收了西域、波斯、印度的服饰特点，最终也就形成了五代服饰的独特特点。女装服饰颜色多样，可以根据自己的喜好随意挑选，并没有过多的限制，服饰色彩以浓艳为主，其中深红色、绛紫色、草绿色、月青色、杏黄色成为当时的流行色。

唐襦裙是当时妇女们最为喜爱的服饰之一，襦裙的上衣非常短小，衣服的领口以及袖口都绣有精美的图案。襦裙具有宽大的裙摆，下摆长度接近地面，其中石榴红色的长裙最受人们的喜爱。五代时期的服饰也影响着邻国，当时日本和服颜色就是吸取了唐装的颜色，而朝鲜的服装也受到了当时服饰风格的影响，一直延续到今天。

三、隋唐五代服饰材料

唐代的服饰，主要以纺织品为原料。从唐代纺织产品的构成来看，主要是麻织品和丝织品两大类。麻织品，据考有诸如火麻布、赀布、班布、胡女布、绗布、弥牟布（即细绗布）、白绗布、落麻布等众多品种。至于丝织品的品种则更多，像锦、绫、罗、绮、纱、縠、绸等是十分常见的，而丝织中的锦样，又分为瑞锦、半臂锦等。依次类推，凡数十种。

从产地来说，唐时丝织品分布地区十分广泛，据已故著名学者汪籛先生的研究，隋及唐初盛产蚕丝者有三个地区，其中河南、河北地区位居全国之首，次为四川地区，然后是江南地区。而丝织品的产地则以蜀郡（益州）和广陵郡（扬州）最为有名。唐太宗时，益州工官窦思伦创造了瑞锦和宫绫，色彩奇丽，花样新颖，因为他官为陵阳人，所以他所创造的锦样被命名为"陵阳公样"。蜀郡的织锦工艺不仅在两汉以来的基础上有了大的提高，而且直接为唐王朝提供的产品也较多，《旧唐书》记载，太和四年（830年）"敕度支每岁于西川织造绫罗锦八千一百六十七匹，令数内减二千五百匹"。可见，在太和四年以前，蜀郡每年为唐王朝提供的绫罗锦多达 8000 匹，这是一个庞大的数目。

再以广陵郡（扬州）的情况来说，所产的锦则有蕃客袍锦、被锦、半臂锦等。该郡每年向朝廷"贡蕃客锦袍五十领，锦被五十张，半臂锦百段，新加锦袍二百领……独窠细绫十匹……菟丝子一斤"。

除了上述两大丝织品产地，在全国还出现了一批专门生产某一种丝织品的产地。众所周知，绫是指有冰纹状的丝织物。在唐代，定州郡为其最著名的产地。绫的品种则有"细绫、瑞绫、两窠绫、独窠绫、二包绫、熟线绫"等。《通典》卷六《食货六》记载，定州每年向唐朝廷上贡的数量为"细绫一千二百七十匹，两窠细绫十五匹，瑞绫二百五十五匹，大独窠绫二十五匹，独窠绫十匹"。制造数量如此巨大的丝织品，除了官府作坊，私营丝织作坊占有相当大的比例。《朝野佥载》卷三记载："定州何名远大富，主官中三驿。每于驿边起店停商，专以袭胡为业，赀财巨万，家有绫机五百张。"竟然有五百绫机，恐怕其工人更是数以千计。

　　除定州以外，另一个绫的主要产地是润州（今江苏镇江）。前揭《新唐书》卷四一云：有"衫罗，水纹、方纹、鱼口、绣叶、花纹等绫"。绫之外，罗也是重要的丝织品。罗在"南北朝以前都是素织，从唐代起间有花织，使用提花设备提花"，重要的产地有镇州、会稽等。前者文献中记载有"孔雀罗、瓜子罗、春罗"；后者，除产罗以外，还有日趋巧妙的其他许多花色品种，如"宝花、花纹等罗，白编、交梭、十样花纹等绫，轻容、生縠、花纱，吴绢"。这一地区丝纺织业品种花色的增多，与朝廷重视北方的先进技术分不开的。《唐国史补》记载："初，越人不工机杼，薛兼训为江东节制，乃募军中未有室者，厚给货币，密令北地娶织妇以归，岁得数百人。由是越俗大化，竞添花样，绫纱妙称江左矣。"魏州（唐属魏郡，今河北大名东南）产有花绸、锦绸、平绸。

　　唐代丝绸业发达，除了传统的民间丝织业，应该说主要是建立在官府丝织业的生产规模和管理较前代大为发展的基础之上的。唐代官府丝织业有一套严密的组织系统，机构庞大。唐朝廷设少府监，掌百工技巧之政。少府监所属织染署"掌供冠冕、组绶及织纴、色染"。织染署包括有二十五作，"凡织纴之作有十，组绶之作有五，细线之作有四，练染之作有六。凡染大抵以草木而成，有以花、叶，有以茎、实，有以根、皮，出有方土，采以时月，皆率其属而修其职焉"。

　　由于官营作坊的任务和劳动分工存在着明显的区别，所以每个作坊所配置的工匠人数也有差别。如"绫锦坊巧儿三百六十五人，内作使绫匠八十三人，掖庭绫匠百五十人，内作巧儿四十二人"等。这里特别值得一提的是，杨贵妃一人便有"织锦刺绣之工，凡七百人"。

唐朝廷内侍省设掖庭局，入掖庭的宫女，在养蚕织帛、缝纫等方面，多是一些掌有手艺的妇女，即"工缝巧者隶之，无技能者隶司农"。掖庭局的职责，除掌管宫人名籍、簿账等以外，还负责"公桑养蚕，会其课业"。最高统治者为了表示对蚕桑生产的重视，还施行"皇后亲蚕，则升坛执仪"。这表明统治阶级对蚕桑丝织业的重视。

唐朝廷对丝织品的规格和生产管理也有一套成规："锦、罗、纱、縠、绫、绸、絁、绢、布，皆广尺有八寸，四丈为匹。布五丈为端，绵六两为屯，丝五两为绚，麻三斤为缕。凡绫锦文织，禁示于外。高品一人专莅之，岁奏用度及所织。每掖庭经锦，则给酒羊。七月七日，祭杼，监作六人。"技术传习有考试，对产品质量有专责，"教作者传家收，四年以小业试之，二年以临试之，皆物勒工名"。产品不合规格而出卖者，要对其治罪。这种规定，无疑有助于丝织品质量的提高和技术的进步。

五代服饰的用料主要为丝织品。五代服饰中襦裙最具特点，由轻柔松软的丝织品制成的长裙更是飘逸，且更可以突出女性优美的线条。五代服饰中的帔帛类似我们现代服饰中的长围巾，制作材料多为丝绸。帔帛上会印有漂亮精美的花纹图案，通常女子会将它披在自己的肩膀上，让多余的部分自然垂下来；有的女子也会将帔帛放在自己的胸前，飘逸的帔帛会跟随女子的行动而"翩翩起舞"，让女子的形态变得更加优美。

大袖衫也是当时女子喜爱的服装之一，宽大的衣袖是大袖衫的特点，最大衣袖宽度可达 1.3 米，制作大袖衫的材料则是轻薄又透明的纱制材料，上面还有精美绝伦的图案，可以凸显女子雍容华贵的气质。

五代服饰具有承前启后的作用，不仅继承了前代的服装特点，而且不断地吸取当时各个国家民族的服装特点，丰富服饰的内容，增加服饰的细节，无论是服饰的制作材料、颜色还是款式，都对后来的服饰有着深远的影响。

四、隋唐五代服饰制度

（一）隋代的服饰制度

在隋文帝时期，服饰制度基本上没有什么大的变化。到炀帝登基以后，崇尚奢侈铺张，为了宣扬皇帝的威严，不仅恢复了秦汉的章服制度，而且在某些方面还把服饰法律化和制度化了。

本来在南北朝时期，按周制将冕服十二章纹饰中的日、月、星辰三章放到旗帜上，改成九章。炀帝时，又将它们放回冕服上，并且对纹饰的部位做了明确的规定，将日、月分到两肩，星辰列于后背，从此，"肩挑日月，背负星辰"成为此后历代皇帝冕服的固定款式。隋文帝在位之时，平时只戴乌纱帽，炀帝则规定不同的场合必须戴不同的帽子，并且对前代通天冠、远游冠、武冠、武弁等的式样做了某些修改。又如炀帝所戴的弁，不仅将璂增加到十二颗，而且将玉璂改成为珠，用珠子的多少来表示级位的高下，天子皮弁十二璂，太子和一品官九璂，下至五品官每品各减一璂，六品以下无璂。此外，还规定文武官员服绛纱单衣，白纱中单，绛纱蔽膝，白袜乌靴。所戴进贤冠，也以冠梁分级位高低，三品以上三梁，五品以上二梁，五品以下一梁。谒者大夫戴高山冠，御史大夫、司隶等戴獬豸冠。祭服玄衣纁裳，冕用青珠，皇帝十二旒十二章、亲王九旒九章、侯八旒八章、伯七旒七章、三品七旒三章、四品六旒三章、五品五旒三章、六品以下无章。男子官服，在单衣内襟领上衬半圆形的硬衬"壅领"。戎服五品以上紫色、六品以下绯与绿色、小吏青色、士卒黄色、商贩皂色。重新又规定皇后制服有袆衣、朝衣、青服、朱服。

（二）唐代的服饰制度

隋唐时期，已经牢牢确立了儒学的统治思想和地位，因而把恪守祖先成法作为忠孝之本，强调衣冠制度必须遵循古法，这得到了统治阶级的重视和提倡。唐高祖武德七年（624 年）所颁布的著名《武德令》，其中就包括服饰的令文，计有天子之服十四、皇后之服二、皇太子之服六、太子妃之服三、群臣之服二十二、命妇之服六，内容在因袭隋制的基础上稍有变革，《旧唐书·舆服志》和《新唐书·车服志》中都有详细的规定和说明。

《武德令》中所规定的冠服制度，在推行以后，不断进行修改和完善。如在唐以前，黄色上下可以通服，但到唐代，认为赤黄近似日头之色，日是帝皇尊位的象征，所谓"天无二日，民无二主"。所以赤黄（赭黄）除帝皇外，臣民不得僭用，赭黄被规定为皇帝常服专用的色彩。

又如唐高宗曾规定大臣们的朝服，亲王至三品用紫色大科（大团花）绫罗制作，腰带用玉带钩。五品以上用朱色小科（小团花）绫罗制作，腰带用草金钩。六品用黄色（柠檬黄）双钏（几何纹）绫制作，带为银环扣。九品用青色丝布杂绫制作，腰带用瑜石带钩。到贞观年间，在上述规定的基础上，又对百官常服的色彩做了更加细致的规定。据《新唐书·车服志》的记述，三品以上袍衫紫色，束金玉带；四品袍深绯；五品袍浅绯；六品袍深绿；七品袍浅绿；八品袍深青；九品袍浅青。

唐代对百官服饰色彩花式的规定，有关文官的花式，见诸《新唐书·车服志》中的鸾衔长绶、鹤衔长绶、鹊衔瑞草、雁衔威仪、俊鹘衔花、地黄交枝等名目。而有关武官的服制色，较文官的规定似乎要详尽得多。规定武三品以上、左右武威卫饰对虎，左右豹韬卫饰豹，左右鹰扬卫饰鹰、左右玉铃卫饰对鹘、左右金吾卫饰对豸。又诸王饰盘龙及鹿，宰相饰凤池，尚书饰对雁。后又规定千牛卫饰瑞牛，左右卫饰瑞马，骁卫饰虎，武卫饰鹰，威卫饰豹，领军卫饰白泽，金吾卫饰辟邪，监门卫饰狮子。唐太和六年（832 年）又许三品以上服鹘衔瑞草、雁衔绥带及对孔雀绫袄。这类纹饰均以刺绣呈现，按唐代服装款式，一般绣于胸背或肩袖部位。

除上述外，唐代将士所穿的甲服也有具体规定和不同的名称。见于《唐六典》中甲的名称就有十三种之多，分别是：明光甲、光西甲、细鳞甲、山文甲、乌鎚甲、白布甲、皂绢甲、布背甲、步兵甲、皮甲、木甲、锁子甲、马甲。

五、隋唐五代代表性服饰

（一）官服

唐代皇帝服饰品类繁多，有大裘冕、衮冕、通天冠、翼善冠、武弁、白帢等十四种。大裘冕是皇帝祭祀天地时穿戴的礼帽和礼服。礼帽外表黑色，里面浅红色，帽缨为丝织，帽两边悬着的黄绵对着双耳。礼服，外表由缯制成，黑羊羔皮镶边，里面为浅红色，领子、袖口为黑色，朱袜赤舄，身带鹿卢剑，白玉双玉佩。衮冕是皇帝登位、祭庙、征还、遣将、纳后、元日受朝贺、临轩册拜王公时的着装。衮冕中的礼帽，垂白珠十二旒，大红丝组带为缨。上衣深青，下裳大红，绣有十二章纹。通天冠（形似卷云，又叫"卷云冠"）是皇帝郊祀、朝贺、宴会时的首服，它比以往的通天冠质地精良，有二十四梁，附蝉十二首，加珠翠、金博山（山形饰物），以黑介帻承冠，用玉、犀簪导。贞观八年（634 年），唐太宗开始戴翼善冠。翼善冠因冠缨像"善"字得名。在元日、冬至、朔、望视朝时，皇帝戴翼善冠，穿白练裙襦。在讲武、出征、狩猎时，戴武弁。有大臣去世，则服白帢，即着白纱单衣，乌皮履。

皇后在受册、助祭、朝会时穿袆衣，服饰图案为翚雉（五彩的野鸡）；季春之月，躬亲蚕事的典礼时，穿鞠衣；宴见宾客，则着钿钗褆衣。把周代王后的六衣简化为三衣。

皇太子谒庙、纳妃时着衮冕；还宫、元日、朔日入朝戴远游冠（状如通天冠，有展筒横之于前）；五日常朝、元日、冬至受朝穿公服；视事及宴见宾客，戴乌纱帽；朔望视事着弁服；乘马时着平巾帻（《新唐书·车服志》）。

唐代群臣服饰多达二十余种，官位越高，冠旒越多，衣裳图形越复杂，佩剑的质地也越好。唐代官员平时穿的服装圆领袍衫，通常用有暗花的细麻布制成，领、袖、襟加缘边，在衫的下摆近膝盖处加一道横襕，故又称"襕衫"。据说，这道横襕是唐代中书令马周建议加上的，以示不忘上衣下裳的祖制。武则天时流行一种新式服装，即在不同职别官员的袍上绣有不同的图案。文官袍上绣飞禽，颇具文雅气质；武官袍上绣走兽，呈现勇猛气魄。这可能是明代补服的发端。唐代低级官吏常着青袍，也称"青衫"。杜甫诗："青袍朝士最困者，白头拾遗徒步归"（《徒步归行》）白居易诗："座中泣下谁最多，江州司马青衫湿。"（《琵琶行》）这里的"青袍""青衫"指的都是徒有虚名的闲职人员或下级官吏。

唐代官吏的礼帽，名目较多。文武官吏、三老五更都戴进贤冠。三品以上三梁，五品以上两梁，九品以上及国官一梁。"良相头上进贤冠，猛将腰间大羽箭"（杜甫《丹青引赠曹将军霸》）写的就是唐代文武官员的服饰。亲王戴远游冠，有三梁，近似进贤冠。唐代官吏戴幞头较为普遍。幞头即包头软巾，也叫折上巾，有四条带，两带系于脑后下垂，两带反系头上，令其曲折附顶。唐代幞头由汉代巾帻演变而来，以罗代缯，把四脚改成两脚。两脚左右伸出，叫"展脚幞头"，为文官所戴；两脚脑后交叉，叫"交脚幞头"，为武官所戴。皇帝用硬脚上曲，人臣用硬脚下垂。唐代中叶，二脚稍翘，系裹幞头，里面加衬物"巾子"。"巾子"的形状决定幞头的造型。唐代"巾子"历经四次变化。开始为"平头小样"，呈扁平状，没有明显的分瓣，即唐高祖、太宗、高宗时的巾子。接着是"武家诸王样"，样式比"平头小样"高，顶部出现明显的分瓣，中间部分呈凹势。因由武则天创制，赏赐给诸王近臣，故称"武家诸王样"。再后是"英王踣样"，出现于景龙四年（710年），它比"武家诸王样"更高，头部略尖，左右分成两瓣并明显地朝前倾倒。开元后，人们嫌表示"倾倒"的巾子不吉祥，逐渐改成"官样巾子"。它比"英王踣样"还高，左右分瓣，形成两个球状，但不前倾。因系唐玄宗赐给供奉官及诸司官吏，故称"官样"（《旧唐书·舆服志》）。唐代官吏的毡帽较厚，而且坚固。据说，唐宪宗元和年间，裴晋公早朝时，突然有人持刀行刺，刀子刺进帽檐，由于他戴的是厚毡帽，才免遭杀身之祸。唐代文武官员都穿靴。当时，不仅有皮靴，还有麻靴。到南唐时，出现了一种比较讲究的"银缎靴"。唐代官吏按品级不同分别佩戴金、银、铜制的鱼符。这是金属鱼形的符信，装在袋里，这种袋叫"鱼袋"。鱼符上面刻有姓名，分成两爿，一爿在朝廷，一爿自带。如有迁升，以鱼符相合为证。它也是出入宫廷的凭证。鱼符质料因官阶不同而不同。三品官以上佩金鱼符，五品官以上佩银鱼符。到了天授二年（691年），改为佩龟，三品官以上龟袋饰金，四品官龟袋饰银，五品官龟袋饰铜。中宗以后，又恢复鱼符。

（二）民服

唐代民服与官服相比，不仅质地相差悬殊，而且款式单调。读书人未进仕途时穿麻衣，即白袍。新科进士也穿白袍，因此有"袍似烂银文似锦"（元和举子《丙申岁诗》）的形容。

广大劳动人民的衣着相当粗糙和简朴。一般平民穿褐衣，有长有短。麻布襕衫为士人所服，它是较长的衫，下加一道横襕，与襕袍相似。唐代的短袄，是一种内衣，任意用色，后来有所规定。还有一种长袄，宽窄不同。

唐代农民，田间劳作时戴笠子帽，穿本色麻布衣。他们穿的衫子，两旁开衩较高。唐代猎人戴毡帽，穿圆领开衩齐膝衣，着麻鞋。"孤舟蓑笠翁，独钓寒江雪"（柳宗元《江雪》）描绘了唐代渔翁的衣着。蓑是蓑衣，即用草或棕编织而成的雨衣。笠是斗笠，即用竹篾、竹叶编织而成的帽子。唐代船夫戴斗笠，着小袖短衣、高开衩的缺胯衫子、半臂（也称"半袖"），束腰带，穿长裤、草（或麻）鞋。

江南盛产芒草，人们多用它编织草鞋，这种鞋轻便耐水。唐代男子、女子都穿木屐。李白诗"一双金齿屐，两足白如霜"（《浣纱石上女》），"屐上足如霜，不著鸦头袜"（《越女词五首》），这都是对女子穿木屐的描写。

（三）女服

唐代女服和男服相比，服色较为鲜艳，款式变化多，更讲究穿着后的线条美。女服主要有襦、裙、衫、帔等。女子着小袖短襦，有的裙长曳地，有的衫的下摆裹在腰里。肩上披着长围巾一样的帔帛。诗人孟浩然曾经这样描写唐代女子的长裙，"坐时衣带萦纤草，行即裙裾扫落梅。"（孟浩然《春情》）可见当时女性何等潇洒。

令人注目的是，唐代女子服饰薄、透、露的程度前所未有。《旧唐书·舆服志》记载，唐高宗永徽年间（650—655年）、咸亨年间（670—674年）曾两次下诏禁止改变女子服饰样式，但"初虽暂息，旋又仍旧"。唐高宗不事朝政，武则天掌握大权。她不拘一格，鼓励人们开阔思路，重视女子，于是女服式样又多了起来。盛唐以后，女衫衣袖日趋宽大，衣领有圆的、方的、斜的、直的，还有鸡心领、袒领。袒领，即袒露胸脯。"粉胸半掩疑晴雪"（方干《赠美人》）就是对袒领衣着的描绘。唐代女服薄、透、露的特点，集中反映在贵妇人或宫廷歌伎、侍女身上，着装于本人是一种感情上的宣泄，而宫廷君臣对她们的观赏，显然为了感觉上的满足。

有些女服非常艳丽，五颜六色，纹饰变化繁多。女子裙色有红、紫、黄、绿等，最流行的是红色裙。唐代女子也穿褶裙，它的由来已久。据说，汉代赵飞燕被立为皇后，非常喜欢穿裙子。有一天，她身着云英紫裙和汉成帝同游太液池（在今陕西省西安市长安区西），正当她在乐曲声中翩翩起舞时，大风骤起，她被吹得像燕子般飞上空中。成帝急忙命令侍从拉住她的裙子。她得救了，裙子却被拉出许多皱纹。这时，人们发现有皱纹的裙子更加美丽。于是，宫女们都喜欢做成有许多皱褶的裙子，起名"留仙裙"（东晋葛洪《西京杂记》）。

唐代贵族女子最名贵的衣着还有百鸟裙、花笼裙。百鸟裙是用多种鸟的羽毛捻成线同丝一起织成面料而制成的裙子。据说，中宗女安乐公主令尚方（主造宫廷器物的机构）汇集百鸟羽毛织成二裙，由于观赏角度、光亮程度不同，它的颜色可以变换：正面看为一种颜色，侧面看又是一种颜色，日光下是一种颜色，暗影中又是一种颜色，百鸟之状全部显现。制成这种裙子，工费"巨万"。自从安乐公主的百鸟裙出现以后，"贵臣富家多效之，江、岭奇禽异兽毛羽采之殆尽"（《新唐书·五行志》）。花笼裙是用一种细软轻薄半透明的丝织品单丝罗制成的花裙，再用金银线及各种彩线绣成花鸟图形，是罩在裙子外面的一种短裙。还有一种衣着颇具特色，这从敦煌莫高窟壁画晚唐供养人形象上可以看到。她的上衣为米红色，绘有深紫大红花，蓝、绿叶子，灰色飞鸟，白色兽加灰色爪、目、尾。袖端缘条有蓝绿花，裙腰束得很高。裙色与上衣颜色相近，花与叶，蓝绿相间。浅绿色腰带，深紫色履，白底。供养人的这种衣着，把飞禽走兽的图案结合于一身，大红、大绿成鲜明对比，呈现出不拘一格的独特风采。

（四）胡服

唐代是胡服兴盛的时代。首都长安是当时世界著名的都会，是东西方经济、文化交流中心，和唐朝交往的国家很多。如果说以往的服饰大交流多是南北向的，那么，唐代服饰大交流主要是东西向的，别开生面，更具特色。这是由于唐代水陆交通相当发达。唐代繁荣的经济、发达的文化，对东西方诸国来说具有极大的吸引力。因此，这种服饰文化的交流成为历史的必然趋势。从唐代出土文物（尤其是绘画、雕塑等）来看，唐代女子穿的胡服多为锦绣帽、窄袖袍、条纹裤、软锦靴等。上衣多为对襟、翻领、窄袖，袖口、领子、衣襟多缘上一道宽锦边。

“促叠蛮鼍引柘枝，卷帘虚帽带交垂。紫罗衫宛蹲身处，红锦靴柔踏节时。”（张祜《观杨瑗柘枝》）唐中期，汉胡文化大融合，胡舞盛行。人们从对胡舞的崇尚，发展到对胡服的模仿，从而出现了“女为胡妇学胡妆”的现象，这集中表现在幕篱、帷帽、胡帽的流行上。“宫人骑马者，依齐、隋旧制，多着幕篱。虽发自戎夷，而全身障敝，不欲途路窥之。”（《旧唐书·舆服志》）幕篱作为一种面衣，最早是西北骑马的少数民族所使用的，用于遮蔽风沙的侵害。其形制为黑色遮面的布帛，衣帽相连，可遮住头发甚至是面部，与衣裙配合起来达到“全身遮蔽”的效果。幕篱传入中原后，从西域男女均可穿戴，变为主要在女子中流行。其功能也发生了很大变化，从原来的遮蔽风沙、保护头部为主，变为以障面遮蔽为主，符合中国传统礼教中要求女性“出门掩面”的习俗。

随着唐王朝的根基逐渐稳固，日益发展的经济和开放、繁荣的文化，带给唐朝人空前的自信，唐代女子服饰审美观念也变得更为开放，黯淡的幕篱遮住了容颜，也就越来越不能适应唐代女子审美的需求。至高宗年间，唐代女子再不肯用幕篱，一种更短而轻便的帷帽逐渐取代幕篱，成为唐代女子外出装扮的常用面衣。

帷帽又称“席帽”，是一种高圆顶宽檐的笠帽，因帽檐周围垂挂一圈“帷”状的纱网而得名，纱网下垂至面部甚至全身，叫“帽裙”。帷帽多用藤条或毡笠做成宽檐帽形的骨架，裱糊缯帛，外覆黑色纱罗。有的为了防雨还会在表面刷一层桐油，时称“油帽"，又称"苏幕遮"，男女出行时皆可戴之，可御风雪。比起密不透风的幕篱，帷帽的优点显而易见。它宽大的帽檐可以遮阳、挡尘、避雨，下垂的网纱还不会遮挡视线。且帷帽比幕篱更为轻便，网纱透气舒适，穿戴方便。最重要的是帷帽的帽裙长仅及颈，可以把脸浅露出来，若隐若现，不会遮挡女性的精美妆容与华服衣饰，且可以在帷帽的帽裙上装饰珠玉，满足了女子爱美之心。帷帽的诸多优点使其迅速成为社会各阶层女性的宠儿，尽管当时朝廷曾因帷帽"过为轻率，深失礼容"，而两度禁止妇女戴帷帽出行，却屡禁不止。到武周时期，帷帽完全取代了幕篱。

"千官望长安，万国拜含元"，万国来朝给唐王朝带来了丰富多彩的异域文明，"胡风"迅速成为新的审美时尚。至开元天宝年间，唐朝国力达到了空前强盛，"欲遮还羞"的帷帽终于被"靓妆露面，无复障蔽"的胡帽所取代。胡帽，也称"蕃帽"，从西域传入中原地域流行，其特点是帽子顶部尖而中空，帽檐没有障蔽之物，通常由织锦、兽皮和绫绢等材料制成，可以露出女子美丽的面庞和精致的妆容。珠帽、绣帽、搭耳帽、浑脱帽、卷帘虚帽等都可归为胡帽。《大唐新语》载："开元初，宫人马上始着胡帽，靓妆露面，士庶咸效之。"胡帽继帷帽之后成为盛唐女性骑马时所戴。从"全身障蔽"的幕篱，到将面部"浅露"于外的帷帽，胡帽更加解放了。这是女性服饰史的进步，也是唐朝社会开放的一个缩影。

第二节　隋唐五代服饰文化

隋唐时期，在日常起居中，上自帝王，下至百姓，都愿意穿一些舒适的服装，这就产生了平日里经常穿着的燕服，燕服又叫常服。

在江南，一般平民多以裙襦、头巾为常服，而在北方，就吸纳了较多的游牧民族服装式样。特别是唐代，西域风俗对内地的影响增多。袍服、裤褶、皮靴、浑脱帽等，成为平民经常穿用的衣着。隋、唐都是北方人士建立的政权，北方习俗比较盛行。隋代从帝王到臣民都穿黄袍子，戴乌纱帽，穿黑皮靴。

北周时期，圆领窄袖的袍服曾经是普遍穿着的衣裳式样。晋公宇文护为了使官员们有所区别，命令百官在袍服的前襟下摆加缀一道横襕。这种衣服叫作"襕衫"，隋唐时期保留了这种袍服。隋炀帝更明确下诏，限定各类人等衣袍的颜色，用以区分高下。唐代初年，皇帝的常服沿循隋代制度，仍采用赤黄色的圆领窄袖袍衫、向上反折的头巾、九环带和六合皮靴。在唐代人绘制的唐太宗画像上，就可以见到这套常服的全貌。

官员们的常服也仿照帝王，采用圆领襕衫。这时的襕衫比较短，下及小腿，露出靴子。现在可以见到的唐代壁画、陶俑、石刻等实物中，官员们穿着的大多是这一类型的常服，武官和军士们在日常生活中也穿着类似式样的常服。

由于胡服的影响，唐代男女有一种翻领的袍服式样。有些武士也仿照此风，将圆领襕衫的领子解开翻在两侧，露出里面的内衣。李贤墓中壁画上，有一位手扶长剑的侍卫就采用了这种穿法。唐代常服是男子普遍穿用的服饰。它的主体——襕衫，是在北方胡服的基础上加以定型推广的新款式；而头上衣饰——幞头，更是新产生的重要事物。幞头的定型和演变，是唐代以及宋元时期服装发展中的一件大事。

幞头来源于用巾帛裹头的习俗。在隋代，由于帝王贵族多喜爱戴乌纱帽，幞头还只是在军旅和平民中流行。到了唐代初期，太宗李世民把幞头作为常服中的头衣。上行下效，社会上无论贵贱都戴上了幞头，冠、巾很快就被式样繁多的幞头代替了。

在唐代，幞头是最普遍的一种头衣，在唐代遗留下来的人物形象上，随处可见。因此，幞头的戴法也在各阶层人士的创新下，有了不少花式。幞头用柔软的纱巾包束而成，没有固定的外形。有人为了使它的前部圆整好看，便用木料制作一个弧形的"山子"，衬在额前，再包缠幞头。这种创造，使幞头向有固定外形的硬式幞头迈出了一大步。晚唐时期，宫廷里又在幞头的垂脚上大做文章。有些做成圆形，有些做成宽条，更有不少是在垂脚中加上铁丝骨架，使它可以翘起来形成各类式样。后人称之为"硬脚"。

唐代末年，藩镇战乱，农民运动接连不断，宫廷之中如惊弓之鸟，时刻准备着出逃。宫人们为了着装方便，想出了一个方法，即把幞头内加上薄木板制的围衬和纸、绢、铜铁薄片等制成的骨架，制作成形状固定、类似帽子的硬幞头。戴时直接放在头上，不必再一步步缠裹、结系。据说因兵乱多次出逃的唐僖宗很喜欢这种幞头，便把它推广开来。自此，软脚幞头逐渐减少。

显赫一时的大唐帝国灭于藩镇之手后，中国进入了历经近五十年分裂与战乱的五代十国时期。这段时期的服饰基本上是沿袭唐制，保存了唐代后期的特点。南方诸国由于相对比较稳定富庶，在衣冠服饰方面更有所发展创新。据说是南唐著名画家顾闳中所作的《韩熙载夜宴图》，向我们展现了五代时期丰富多彩的男女服装形象。

在画卷中，夜宴的主人韩熙载在休息时头上戴着高顶四方的乌纱帽，身上穿一件对襟白色长衫，衣领完全敞开，袒胸露腹。他的脚上穿着白布袜子和圆头蒲鞋。在欣赏乐舞时，他又在白长衫外面加穿一件黑色的交领长袍。韩熙载所戴的高顶四方纱帽十分独特，在当时也很有名气，被人称为"韩君轻格"，文人们很喜爱戴这种帽子。画面上的来客大多身穿圆领襕衫，头戴黑色短翅幞头，腰束革带，足着黑皮靴，这是一套标准的唐代官服。其中一位坐在卧榻上的客人身穿红袍，可能身份较高。另外的客人都穿绿衣。相形之下，画中妇女们的衣饰就显得十分艳丽多彩了。

她们的衣服式样主要是窄袖交领上衣配长裙、窄袖直领上衣配长裙、缺胯圆领长袍等几种。但是颜色花纹的搭配十分丰富，有白衣白裙、绿衣红裙、粉衣绿裙、青衣白裙、绿袍白腰襦等多种形式。花纹有飞鸟、团花、几何格纹等。她们的腰间多用丝带系束，长余的部分垂在身前好像两条飘带。她们的肩臂上往往披着窄长的披帛。比起唐代来，五代时期的披帛显得狭窄，但是明显加长。根据人物身高的比例来看，这时妇女的披帛可能达到三四米长。

与唐代末期的女装相比，这时的女装衣袖显得十分窄瘦，袖口紧缩，裙子也显得修长，而不是过分宽肥了。甚至连画面上女子们的身段也变得匀称而苗条，面容清秀，与唐代丰硕圆润的女子形象截然不同。显然，五代社会的审美观念已有了改变。四川省成都前蜀王建墓中出土的石棺上，刻出了一批栩栩如生的乐伎浮雕。她们的服装保留了更多的唐代风格。这些乐人穿的上襦衣袖肥大，衣袖上端缀有山牛臂莴化成的折痕花边，腰系长裙。发髻式样繁多，有堕马髻、双丫髻、高髻、偏梳髻等，基本上与唐代陶俑的各种发式相近。唯一比较新颖的，就是一些乐伎的肩上披有四合如意形的云肩。在偏于西北的甘肃省安西榆林窟中，有五代时期壁画《曹议金行香图》，描绘了当时敦煌归义军节度使曹议金的形象。他身穿大红圆领宽袖袍衫，腰系革带，足着黑靴。头上戴的幞头已经将软翅改作了硬翅。硬翅约一尺长，末端圆形，向两侧平举。幞头外形方正，可能也已经有了硬胎。这是对唐代服制所做的改革。这样不断地修改、革新，至宋代时，幞头便变成了一种全新的面貌。

在安西榆林窟壁画中，曹议金的侍卫身着圆领缺胯短衫，白色窄腿裤子，脚穿麻鞋，头戴圆顶无翅的软幞头。他们身上的短衫长仅及膝部，两侧开胯缝。这可能是下层人民所穿的便于耕作服役的衣着。

在五代时期的壁画中，妇女们的衣饰都非常华丽。榆林窟壁画中的五代女供养人图，画有八位盛装的贵妇人。她们的衣裙与晚唐贵妇的宽博衣裙极其相似。红色的对襟上衣上绣满了各种花鸟纹饰。在外衣里面，还穿有三四层薄薄的纱内衣。长裙系到胸部，胸前束有绣花的抹胸，下身穿了宽大的曳地长裙，肩头披有绣花的披帛。她们的首饰和妆容比唐代妇女还要精致繁多。脖颈上戴有三四重宝石、珍珠项链。头上戴着金花、金叶、金凤等花饰。发髻上面插有六把以上的象牙、玉石梳篦，还有四只金笄、四只银钗。脸上有花钿、斜红、点靥等多种化妆。珠光宝气，眉黛妆红，在历代妇女妆饰中可谓首屈一指。与此相同的盛妆妇女还可以在敦煌莫高窟第 61 窟五代女供养人图中见到。在莫高窟第 61 窟中，还可以见到五代壁画中身着回纥服装、梳回纥髻的女子。唐代晚期穿着回纥衣冠的习尚，到了这里，可能是最后的遗绪了。

第三节　隋唐五代服饰体态

隋唐五代服饰绚丽多彩，特别是女子装束，不仅为当时人们所崇尚，甚至今日人们观赏亦感惊叹。没有矫揉造作之态，也没有扭捏矜持之姿，展现在人们面前的是充满朝气、令人振奋又使人心醉的服饰。其色彩也非浓艳不取，各种鲜丽的颜色争相媲美，不甘疏落寂寞，再加上金银配饰，炫人眼目。

一、隋唐五代时期的发型与体态表达

隋唐五代时期的男子发式仍然为束发成髻，外有巾帽。当时掩发巾帽的主要形式为幞头纱帽。起初，男子用一块布从后脑向前把头发捆住，并将巾布的两角在脑后打结，自然下垂如带状；另两角回到头顶打成结子作装饰，这就是初期的幞头。后来，人们又在巾布的四角上接上带子，使其自然飘垂，装饰性就更强了。到了五代，人们甚至将带子裁成或圆或阔的各种形状，并用丝弦或铜丝、铁丝作骨，放在带子里，这就变成了可以任意造型的"翘脚幞头"。

相较男子，隋唐五代时期的女子很注重发型和头饰，发髻名目繁多，有云髻（朵云状发髻）、半翻髻（形状宛如翻卷的荷叶）、反绾髻、峨髻等。女子们的环钗是用来衬垫发髻的，用银制成，表面鎏金，中部为叶形薄片，叶的尾端分成两股，弯成椭圆形，故称"环钗"。精巧的发型发饰配上精致的妆容，"巧笑倩兮，美目盼兮"，令多少文人墨士不惜笔墨丹青描绘她们的风采。

"西施晓梦绡帐寒，香鬟堕髻半沉檀。"梳头，似是日常小事，但于古代美人却不可等闲视之。唐代诗人李贺的这首《美人梳头歌》便是特写梳头片段，以展美人风韵。

古人将头发视为身体的一部分，非常重视，所谓"身体发肤，受之父母，不敢毁伤，孝之始也"。纵观中国数千年历史，唐代女性在发型的创新上可谓登峰造极。唐代文学家段成式《髻鬟品》中就记载了不下百余种，如高髻、反绾髻、乐游髻、百合髻、云髻、花髻、凤髻、飞仙髻等。

初唐时，女性的发式变化较少，但在外形上已不像隋代那般平整，且有向上耸立的趋势。发展至中唐，发髻越发高耸，样式不断推陈出新。唐初，贵妇喜欢将头发向上梳成高耸的发髻，如"半翻髻"将头发梳成刀形，直直地竖在头顶。

除此之外，当时流行的还有"回鹘髻"，髻式也是向上高举。这种发型在皇室及贵族间广为流行，至开元、天宝时期逐渐少见。开元、天宝时期的发式特征是"密鬓拥面"，蓬松的大髻加步摇钗及满头插小梳子。"浓晕蛾翅眉"的造型即成熟于这一时期，此时期妇女的体态丰腴、衣饰较宽大、裙长曳地。另外，少数贵妇还流行用假发义髻，使头发显得更蓬松。普通女性较多梳一种"两鬓抱面，一髻抛出"的"抛家髻"，这是盛唐末年京城女性较为流行的一种发式。

中晚唐时，妇女的发髻效仿吐蕃，流行梳"蛮鬟椎髻"式样。这种式样就是将头发梳成向上、椎状的一束，再侧向一边，加上花钗、梳子来点缀。

晚唐、五代时，女性发髻的高度又有所提高，并且在发髻上添加插花装饰。宋初流行的花冠便是延续唐末、五代的花朵装饰风俗，其中尤以牡丹花装饰为最，将牡丹花插在头发上，更显女性妩媚与富丽。

目前，在出土的唐朝文物中，女性所梳发髻有单有双，有高有低，总体上以高髻为主。初唐女子发型承隋制，较为低平，但很快便有高发髻出现。高髻又称"峨髻"，是髻式高耸的称谓。元稹在《李娃行》一诗中写道："髻鬟峨峨高一尺，门前立地看春风。"可见，女子梳高发髻在当时十分盛行。

唐代女子发髻基本上都是以形命名。譬如螺髻，本是佛祖造像头顶的一种发髻形式，由于外形看起来与螺壳相似，故名"螺髻"。再如髻饰以凤，曰"凤髻"。

双螺髻，是唐代少女常梳的发型之一，像两个螺壳盘在头顶的两侧一般，尽显可爱俏皮。此发式或梳于额之左右，或垂于耳之两旁，亦有梳于头顶两侧者。

陪葬墓郑仁泰墓，是唐朝右武卫大将军郑仁泰的墓葬，其出土的彩绘釉陶袖手女立俑，头梳双螺髻，浓眉、朱唇，上穿窄袖襦，肩披蓝色帔帛，系长裙，双手袖于腹前。女俑体形修长，神态自若，静立中不失天真活泼的青春阳光之美。

昭陵陪葬墓出土的陶俑中最为常见的发髻，还有半翻髻。半翻髻，也作"翻荷髻"，形状与翻转的荷叶有些相似，尤其是从侧面观更为接近。

唐代女子为追求时尚美感，做造型时，会先在头发里垫上木质的假冠、发垫等，将头发拔高。杨贵妃就特别喜爱用假发，称其为"义髻"。后来还出现了一种发型，称为"蝉翼"，将鬓角处的头发往外梳开，弄成极其薄而开阔的一层发丝，最后再在头顶上做一个高髻。

唐代妇女发髻造型多样，发饰也十分丰富。譬如，贵族妇女喜欢在发髻正中或周围插上若干小梳子作装饰，有的多达八把。唐代诗人王建在《宫词》中写道："玉蝉金雀三层插，翠髻高耸绿鬓虚。舞处春风吹落地，归来别赐一头梳。"可见在唐宫中，梳子是可以作为礼品甚至赏赐品的。

"蝉鬓一梳千岁髻，蛾眉长扫万年春。"初唐妇女众多造型美丽的发髻引来唐代及后世文人的赞美和效仿。这些都真实生动地表现了当时的社会风貌和人们的精神状态，也是对大唐经济繁荣、国泰民安的进一步诠释。

二、隋唐五代时期的服饰与体态表达

隋唐五代时期的女性，特别是上层妇女，表现出不同于以往时代的自由、奔放、热情和勇敢的特点。她们修仪容，理丝竹，善吟唱，努力刻画美丽的人生；她们穿胡服男装，露髻驰骋，追求自我；她们参政议政，入释入道，舞文弄墨，积极参与社会事务。她们涉足于社会生活的各个方面，欢乐之极，前所未有。

唐前期女子服装仍沿袭隋朝装束，衣衫短窄，下至腰部或脐部；裙形瘦长，其腰高及胸部，下可曳地，反映这一时期女子尚清秀的社会审美意识。

1954年，山西省长治市王琛墓出土的唐代伏睡女俑，其俑身上原施白粉，多已剥落。人物造型简练，着重表现心态，体现了中国古代艺术重神韵、重意境的美学特征。

1956年，西安市高楼村出土的唐代彩绘拱手女立俑，面庞丰腴，长眉细眼，直鼻，樱桃小口。发式为蓬松的抛家髻，两鬓抱面，身着束腰长裙，双手拱于胸前，体态丰满，姿态生动。

1958年，西安市独孤思贞墓出土的三彩拱手女陶俑，梳丫髻，身穿黄色小袖上衣，绿色长裙，披帔帛。拱手而立，若有所思，当为初唐时期少女的风姿。同墓所出唐代三彩陶女俑，面庞丰腴，略带微笑，神态生动。她头微侧，鬓发抱面，发髻垂于额前，为乌蛮髻。身着黄色窄袖衣，绿色长裙，裙腰束于胸上部，披帛绕两肩垂于后背，足穿翘尖鞋。

1959年，西安市中堡村出土的唐代三彩拱手女立俑，头梳乌蛮髻，头、面及颈部不施釉，涂彩，面庞丰腴，向左侧微仰。双手拢袖拱于胸前，上身着淡黄色薄衫，上点绿彩，胸系赭色长裙，右肩披绿色披帛。

女着男装在当今开放多元的中国自然是很平常的事情，但在古代社会却是较为罕见的现象。当时影响中原的外来服饰，绝大多数源于马上民族。骑乘者粗犷的身架、英武的装束以及矫健的马匹，对唐代着装意识产生一种渗透式的影响，同时创造出一种适合女着男装的氛围。

1991年，西安市东郊金乡县主墓出土的唐开元十二年男装女立俑，头戴黑色幞头，上罩花冠，其上残留彩绘和描金痕迹，戴耳套。身穿圆领窄袖袍，袍长至膝下，内着半臂，腰束革带，佩鞶囊，背后镶五个圆銙。左手隐于袖内，右手略残，其上有铁芯，疑原持镜。

唐代上层社会的"好胡"之风引导了整个社会的审美潮流，"胡酒""胡舞""胡乐""胡服"成为当时盛极一时的长安风尚。胡服的主要特征是简洁、方便活动，受到唐代女性的喜爱。同样是金乡县主墓出土的开元十二年蹀躞带胡服女立俑，头梳双髻垂于两侧，头顶及右髻上残留描金的花饰，朱唇轻抿，面带微笑。内穿半臂，外罩圆领对襟胡服，下端露出红色小口裤。足蹬翘头锦履，腰束黑色蹀躞带。

与古代大多数时期人们追求苗条、纤细甚至病态的美不同，唐人有着非常积极的审美观。不管是唐初的娴雅、盛唐的丰丽，还是晚唐的舒展，无不蕴含着健康爽朗的气质。

隋唐五代时期的时尚男子还流行"以香熏衣"。用香熏衣之俗，大抵始于汉代，至唐朝已经十分盛行。《旧唐书》上说曾任太平节度使的柳仲郢"以礼法自矜"，"厩无名马，衣不熏香"。官吏不"以香熏衣"被史书作为"以礼法自矜"的例证之一，可见当时男子熏香风气的盛行。

这一时期的男子还流行戴簪花。簪花本是古代女子将花朵插戴在发髻或冠帽上的一种装饰美化方式，其花或为鲜花，或为罗帛等所制。在唐代的绘画作品中有不少妇女戴簪花的形象，如《簪花仕女图》等。但最晚在唐玄宗时便有男子簪花的记载。玄宗时期的汝阳王小名花奴，他曾为玄宗敲击羯鼓，玄宗听得欣喜，便亲摘红槿花一朵置于帽上。又一次，玄宗与曾任中书舍人的唐代文学家苏颋等郊游，苏颋即兴作诗，玄宗认为是美文，就将"御花"（玄宗自己头上所戴）插在苏颋的头巾之上。由此可知，当时至少在宫廷中已经流行男子簪花。

男子簪花风俗，还能从这一时期的不少诗作中得到印证。杜牧便有诗曰："尘世难逢开口笑，菊花须插满头归。"这菊花是插在男子头上的。大约自五代起，男子簪花开始流行，至五代后期更是蔚然成风，乃至成为官方礼仪制度的一部分。后梁开平年间，有个叫李梦符的男子，"洁白美秀如玉人"，四时常插花遍历城中酒肆，高歌狂饮，还作诗称"插花饮酒无妨事，樵唱渔歌不碍时"。后唐人霍定每逢春游曲江时，即花重金雇人偷采贵族宅院中的名贵兰花"插帽"。闽主王延羲在遇害的当天，还在头上插了几朵花，从宫殿出来时，门帘三次拂落簪花，他"整花上马"，却遭侍卫杀害。

思考与练习

1. 简要阐释隋唐五代服饰的色彩。

2. 你还了解哪些隋唐五代时期的服饰文化?

3. 你知道仕女图吗? 请分析《唐宫仕女图》中令你印象最深刻的仕女形象,说明唐朝服饰特点和女性体态的关系。

第六章　宋辽金元服饰与体态表达

【学习目标】

能够了解宋辽金元时期的服饰发展和服饰文化，掌握宋辽金元服饰与人物体态表达。

【学习任务】

找一尊博物馆里陈列的宋辽金元时期的彩绘泥塑侍女像，分析其服饰特点和体态表达。

第一节　宋辽金元服饰发展

宋代崇尚礼制，冠服制度最为繁缛。宋代初年，朝廷参照前代衣服式样规定了皇帝、皇太子、后妃、诸臣、士、庶人的服式。后来，三番五次修改，直到宋亡，一直未停。

宋代官府设有专门作坊从事各种绢帛、丝织品的生产。北宋都城设有绫锦院，征调手艺精湛的工匠织作锦、罗、绉、縠、绫等高级丝织品，以供皇室及朝廷官吏制作服饰的需要。绫锦院发展到拥有 400 台织机。许多州、府也有专门机构，从事各种织物的织作。欧阳修曾用"孤城秋枕水，千室夜鸣机"的诗句来形容婺州东阳（今浙江东阳）丝织业繁荣的景象。从服饰所需物质条件看，宋代不亚于唐代，但宋与唐相比，服饰款式少有创新，而且色彩单调，向质朴、洁净、自然的方向倾斜。这可能是由于两方面的原因：一是宋王朝国内阶级斗争尖锐，加上辽、金相继南下，战争连绵，火与血给现实生活带来灾难。尤其是南宋，半壁江山，风雨飘摇，岁月难熬。权贵们只望苟延残喘，无意在服饰上煞费苦心。二是宋代晚期程朱理学影响较大，它主张"天理是至善的，人欲是万恶的"，存天理，必然灭人欲，对人们的思想有所钳制。看来，一个时代的服饰特点和当时的社会文化存在十分密切的关系。

宋朝曾三令五申禁止胡服传入，但实际上胡服在中原有增无减；到了南宋，胡服流传更广。可见，服饰文化是个相当复杂的社会现象，它涉及人类学、历史学、心理学、生理学、艺术等诸多因素，不是简单的官方命令所能左右。

辽、金、元历经 400 多年，这三个朝代由三个不同的少数民族执政，他们同汉族在经济、文化等方面的交流，服饰上互相影响。如果说唐宋服制基本上是单一的，那么辽、金、元服饰则是多种并行的。

地处我国北方的契丹族，唐末开始强盛起来。五代时，得后晋北方十六州，地跨长城内外。947 年称辽，辽代服制是契丹服与汉服并行。

金原为女真族（满族祖先），曾附属于辽 200 余年。金代服饰大体保持着女真族形制，又继承了辽代样式，得宋北部领土后，又吸收宋制风格，因此具有女真、契丹、汉族三合一的综合特征。

蒙古族原是中国北部的一个部落集团，后来攻灭西辽、西夏、金，并在吐蕃建立行政机构。1271 年，忽必烈定国号为元。元代国土空前辽阔，各地的地理环境、气候条件、生活习惯、宗教信仰差异很大，各民族的服饰都有自己的特点。同时，由于各地经济、文化的不断交流，服饰也相互影响。

元代是我国手工棉纺织技术大发展的时代。棉花是从印度传入中国的。唐代时，棉花从北路传到新疆，从南路传到两广、福建，后来又传入长江中下游。到元代，种棉花已较普遍。棉花的种植为棉纺手工业的发展创造了条件，而棉花纺织技术的提高又促进了棉花的种植。黄道婆是我国历史上著名的棉纺织家，她生活在13世纪，幼时流落到海南岛谋生，学会了黎族棉纺织技术，后返回故乡，向家乡传播纺织技术，传授高超的提花技术，使织成的被、褥、带、帨呈现出"折枝、团凤、棋局、字样"，光彩美丽。当时有千余户依靠织"乌泾被"为生。这时有手摇两轴轧挤棉籽的搅车，有竹身绳弦的四尺多长的弹弓，有同时可纺三锭的脚踏纺车。元代熊涧谷的《木棉歌》描写了当时江南农村家庭棉纺织手工业的情景："尺铁碾出瑶台雪，一弓弹破秋江云，中虚外泛搓成索，昼夜踏车声落落。"13、14世纪中国经济生活的重大事件就是棉花种植的推广和棉纺织技术的改进，它直接关系到当时服饰的发展。

元代蒙古族的服饰是很有特点的：全国大量制造金光耀眼的金锦，令人目不暇接；女子头戴姑姑冠，别出心裁。

一、宋辽金元服饰特点

服饰的美，不仅仅表现于色彩，还表现于式样。宋代民众对服饰限制突破的一个重要的方面，就是在式样上的大胆僭越。仁宗景祐三年（1036年），太常少卿反映，"近岁，士庶之家，侈靡相尚，居第、服玩，僭拟公侯"。服饰上僭拟公侯，超越了许多等级。南宋宁宗时，情况更为严重。都城内外，衣服无常。那些应该穿皂衣的仆役小吏，也穿戴高巾大袖，混杂于士流；民庶的妻妾，头冠上也插满珠翠，僭拟贵族。僭越之风，越刮越大，那些头痛的保守派，也只能望风兴叹。

宋代对服饰限制突破的另一种表现，就是士庶们追求新奇的造型。司马光认为当时人们普遍"愈厌而好新，月异而岁殊"。当时东京最富有的张氏之子，"固豪侈，奇衣饰"，可见其豪侈之外，也注意新奇。"自淳祐年来，衣冠更易，有一等晚年后生，不体旧规，裹奇巾异服，三五为群，斗美夸丽。"

宋王朝曾多次发布禁令。仁宗景祐三年（1036 年），太常少卿扈称说："近岁士庶之家，侈靡相尚……珠玑金翠照耀衢路，约一袭衣千万钱不能充给。"南宋王迈也说："士夫一饮之费，至糜十金之产，不惟素官为之，而初仕亦效其尤矣。妇女饰簪之微，至当十万之直，不惟巨室为之，而中产亦强仿之矣。"较为普遍的讲究，是用黄金珠玉来做装饰。于是使用金箔线、贴金、销金和泥金等办法，企图把头饰妆着打扮得富丽堂皇，"近者士庶颇多侈靡，衣服器玩，多熔金为饰"。

由于辽地处北方，寒冷时间长，辽代君臣大都服貂裘。皇帝穿最名贵的银貂裘，大臣穿紫黑貂裘，下属穿沙狐裘等。契丹族以游牧为主，祭山是大礼，服饰尤盛。大祀时，皇帝头戴金冠，身着白绫袍，束红带，佩鱼袋，带犀玉刀，穿络缝乌靴。小祀时，戴硬帽，着红克（緙）丝龟纹袍。田猎时，戴幅巾，穿甲胄装，以貂鼠或鹅项、鸭头为捍腰。

总结起来，西夏的服饰具有以下特征。第一，男、女服饰具有不同的文化传承。男子服饰至迟在其立国以后，明显地继承汉族服装。这一点应与李元昊的改制有关。文献记载，李元昊在1036 年尽收河西之地以后，改革礼乐制度，自己穿汉服，旨在与中原宋帝平起平坐。上行下效，所以，男子服饰与传统汉服有相当大的联系。而女子服饰，则继承了曾经强大一时的回鹘服饰。第二，在服饰的质地方面，皮毛是主要的原料，尤其是在头饰和足饰方面，毡制的冠帽、皮制的靴子是当时最常见的服饰。这一方面反映出其境内传统畜牧业的发达，另一方面也是为了适应其作为游牧民族防寒御身的需要，因为毡、皮制品可以保暖，又经久耐用。

从金代服饰的有关情况，我们可以归纳出以下几个特征。首先，金国服饰文化的发展呈现出明显的阶段性。其次，《大金国志》所谓金国妇女服饰"裳曰锦裙，裙去左右各阙二尺许，以铁条为圈，裹以绣帛，上以单裙袭之"，实际上是以铁条圈架为衬，使裙摆扩张蓬起的裙子，虽与欧洲中世纪贵妇所穿铁架支衬的部位不同，但从河南省焦作金墓壁画中的图像来看，体现了一种特殊的服饰美，即金代试图通过服饰款式的改变，来达到华丽的目的，这一点在中国古代服饰发展史上是十分独特的。

二、宋辽金元服饰色彩

宋代印染业和印染技术有较大发展。宋代北方染料的种植颇为兴盛，为满足官绢生产需要，仅开封府每年均需购买红花、紫草各 10 万斤之多。从所耗原料之多足可见宋代染料的商业性种植已有一定的规模。印染分为官染和民染。宋王朝设有专门负责印染的官染院，规模宏大；而民染虽一般规模不大，但几乎遍及全国各地。如《梁溪漫志》载，"家傍有民张染肆，置簿书识其目"，记载其业务往来。又如台州唐仲友曾载"关支军资库绢二百匹，令染铺夏松收买紫草，就本州和清堂染紫"。

随着印染业的发展，印染技术也不断提高。染缬加工已呈专业化，一批专门雕造花缬（即印花板）的工匠，从雕版印刷业中分离出来。上揭唐仲友在台州，"又乘势雕造花板，印染斑缬之属，凡数十片，发归本家彩帛铺，充染帛用"。当时出现了一批著名的镂刻印花版的工匠，如洛阳贤相坊有一名姓李的工匠，人称"李装花"。这种镂刻印花版技术的普及和发展，使"鹿胎缬""跋遮那缬"等传统费时费工的染缬法，多次被官府禁用。特别是到了宋末，用桐油竹纸代替木板制作镂空印花版，使印染花纹工艺更加精细。此外，宋代还发明了用石灰和豆粉调制成浆代替蜡进行防染的技术，称为"药斑布"，即后来广泛流行的蓝印花布。

在色彩方面，辽代妇女一般穿黑、紫、绀诸色。辽代契丹男子的服装以长袍为主，上下同制，一般是左衽、圆领、窄袖。袍上有疙瘩式纽襻，袍带于胸前系结，然后下垂至膝，颜色一般比较灰暗，有灰绿、灰蓝、赭黄、墨绿等多种，其纹饰大都简朴。从工艺上说，贵族阶层的长袍大多比较精致，像辽宁省法库叶茂台出土的棉袍，以棕黄罗为底，通体平绣花纹，领绣二龙，肩、腹、腰部分别绣有簪花骑凤羽人及桃花、蓼花、水鸟、蝴蝶等纹样。从资料看，契丹族男子服饰在长袍的里面还衬有一件衫祆，露于领子外，颜色较外衣为浅，有白、黄、粉绿、米色等。下穿套裤，裤腿塞进靴子以内，上系带子于腰际。

立领宽袖，右衽斜襟，直纽设计，两侧下摆开叉，镶黑色素色边。蓝色底配浅蓝和赤铜色相间的花纹图案，使人感到色彩深沉凝重。但满底的图案纹样线条流畅，赤铜色走边的花纹图案较突出，有较强的立体感。

西夏在色彩方面，尽管其袍服上有各种不同的几何花纹和像牡丹等植物刺绣，但由于其境内的丝织业和印染技术不如中原地区发达，所以其在服饰色彩及工艺方面远不及中原，即使与辽代相比，也要落后得多。足衣基本上是皂靴，即用素皮革制成靴子。

金代服饰在颜色的运用方面，多采用环境色，即穿着与周围环境相同颜色的服装，而不片面地去追求颜色的鲜艳和华美。究其原因，首先是因为女真民族本是游牧民族，以狩猎为生，服装颜色与环境接近，可以起到保护作用，便于靠拢所猎取的目标。正因如此，除了服用野兽皮毛，服装颜色冬天多喜用白色，春秋时节则在衣上绣以"鹘捕鹅""杂花卉"及"熊鹿山林"等纹样，同样也是为了麻痹猎物。其次，《大金国志》所谓金代妇女服饰"裳曰锦裙，裙去左右各阙二尺许，以铁条为圈，裹以绣帛，上以单裙袭之"，实际上是以铁条圈架为衬，使裙摆扩张蓬起的裙子，虽与欧洲中世纪贵妇所穿铁架支衬的部位不同，但是，从前所述河南省焦作金墓壁画中的图像来看，体现了一种特殊的服饰美，即金代试图通过服饰款式的改变，来达到华丽的目的，这一点在中国古代服饰发展史上是十分独特的。

三、宋辽金元服饰材料

宋代的纺织业与印染业在隋唐五代的基础上继续发展，并取得了新的重要成就。究其原因，与前代不同之处在于，宋代市镇大量涌现，非农业人口大大增加，社会分工更加细密，因而不仅从事纺织与印染的专业人员队伍扩大，而且有利于技术的改进。据学者们研究，宋代全国总人口突破1亿，而在宋神宗元丰年间，城镇户口达总数的12%以上，出现了像开封、临安等超过百万人口的大都市。北宋设镇1900个，南宋设镇1300余个。

作为传统纺织业中的丝织业，不仅花色品种繁多，锦多达百余种，著名的有苏州宋锦、南京云锦、织金锦等，而且随着海外贸易的空前发展，其产品畅销海内外。除了民间的丝织作坊以外，宋代官府设有文思院、绫锦院、裁造院、内染院、文绣院等机构。如开封绫锦院有织机400余张，宋初曾迁四川锦工200人于此；成都锦院有织机154张，年产锦万匹，洛阳、真定等地均有大规模的丝织作坊。南宋时，在全国出现了苏州、杭州和成都三大锦院，各有织机数百，工匠千人。官府作坊集中了全国著名的工匠，拥有最先进的工艺，且原材料有保证，所织出的丝织品品种之多、质量之高，自不必多言；而民间的丝织业，虽然文献缺乏有关织造具体情况的记载，但是从北宋全国每年赋税和上贡绮、罗、绫、绢、纱、绸和什色匹帛曾高达355万余匹的情况来看，并不比官营丝织业逊色多少。

从出土的有关实物和绘画等艺术作品来看，宋锦以用色典雅、沉重见长。著名的云锦基本上是重纬组织，兼用"织成"的织作法，用色浓艳。当时生活在新疆地区的回纥人擅长织金工艺，并向中原地区传播，所以这种工艺很快流行开来。有关资料显示，宋代锦加金有明金、拈金两种，技法有销金、镂金、盘金、织金等，达18种之多。

　　缂丝是中国独特的工艺品，以本色生丝为经，彩丝为纬，用手工以"通经断纬"的织法织出正反面花样色彩相同的织物。又称"刻丝"或"尅丝"。尽管这种工艺品在宋代多用于书画装裱，但也往往用作服饰的装饰品。当时，丝织提花机已完善定型。

　　传统纺织业中的麻纺织在宋代遍及南方各地，是民间普遍的手工艺，广大农村所生产的大量麻布，除了作为衣着原料，还作为贡赋缴纳。在麻纺业中，广西地区产量最高，具体表现为宋初每年纳贡的麻织品达上万匹。当时著名的麻布，有诸暨的山后布，精巧纤密，仅次于丝罗。

　　随着麻织品产量的增加，原来用手摇纺车或三锭纺车加工麻缕，已不能满足需求。这一时期便出现了可以同时加拈和卷绕、有32枚锭子的大纺车，一昼夜可纺绩百斤，提高效率30多倍，后来又改进为畜力或水力驱动。

　　棉纺织业在宋代是纺织业中的一个新兴部门，其发展的势头可以说是其他部门都无法企及的。北宋时，棉纺业尚只局限于两广和福建。到南宋时，迅速向长江、淮河流域扩展。其中最为发达的当数福建，在当地流传着"木棉收千株，八口不忧贫"之说。云南、广西、广东的斑布（印花布）闻名全国。然而，棉纺织业毕竟还处于初始阶段，其纺织工具还很简陋，效率也很低。

　　辽、西夏、金是少数民族建立的政权，所以它们经历了以游牧经济为主和农耕经济与游牧经济并存这样两个时期。这两个时期的经济特征，直接影响到了其服饰的原材料。

（一）辽代的皮毛业、纺织业和制革业

契丹族所建立的辽代，其日常生活的基本需要——食与衣，是建立在"畜牧畋渔以食，皮毛以衣"的基础上，皮毛业在其境内受到人们的重视，可以从洪皓的一段话得到证明。他说："北方苦寒，故多衣皮，虽得一鼠，亦褫皮藏去。妇人以羔皮帽为饰，至直十数千，敌三大羊之价。"不过，在辽代境内，备受契丹人、奚人珍视的还是猎取的狐、貉、水獭等类兽皮，因为他们可以利用这些兽皮制作高档的皮裘。辽代，也是根据社会等级、官阶高低而规定服制的，因而在皮毛制品的享用上也按照等级来划分。所以，辽道宗清宁元年（1055年）九月壬戌诏书上说："夷离堇及副使之族，并如民贱，不得服驼尼、水獭裘……"宋绶也在他的著作中说："贵者被貂裘，貂以紫黑色为贵，青色为次。又有银鼠，尤洁白。贱者被貂毛、羊、鼠、沙狐裘。"

如果说畜牧业的发展为毛纺织业的发展提供了条件，那么它也催生出了制鞋业。除马、羊之外，契丹牧养的牛也很可观，因而皮革的制作也成为一个专门产业。这类皮革既适应了契丹军事的需要，也适应了契丹人的生活需要。皮革制品一部分用于制作盛水的皮囊，绝大部分则用于制作皮服和各种皮带、皮鞋等，成为当时服饰的重要原料。

由于辽代蚕桑业种植地区不断扩大，丝产量不断提高，故丝织技术达到了惊人的地步。一些高质量丝织品，辽代皇帝用作给臣下的赏赐。辽代境内生产的丝织品技术之高超、质量之精妙，连宋朝的皇帝也为之惊叹不已。

除丝织业之外，麻纺织业的分布地区主要局限在南京道、西京道和东京道。渤海即辽的东京道，是麻布生产区，自东丹朝建立，阿保机长子耶律倍为东丹王，每年向契丹本土"贡布十五万端，马千匹"，这种布就是由纻麻织成的纻布。南京道以"桑柘麻麦"著称，麻布生产量多于东京道和西京道。

（二）西夏的纺织业

无论从西夏文字书《文海》等的记载看，还是从其他的文献材料中看，都可以推断党项族所建立的西夏王国有缕、绸、锦、绢等许多的丝织品，有的属于丝织品中高档次的物品。夏国的纺织业可以分为麻织业和毛纺织业两类。

关于麻纺织业，在《文海》中有"麻"字，释义是"此者麻草，可做纱布也"。麻布以及用毛纺制的"褐"，大概是党项个体家庭中的与畜牧业或农业相结合的家庭手工业产品。

党项以畜牧业作为其生活资料的主要来源，毛皮（包括狩猎来的各类兽皮如沙狐之类）在其经济生活中占有重要地位。一方面，为适应西北高寒气候，"衣皮毛"是党项人生活的必需；另一方面，毛皮也是党项人用来同邻近各族进行交换的重要物品。同时，党项人还利用羊毛、驼毛之类，制成毛纺织品。

（三）金代的蚕桑业和纺织手工业

女真人以善织布而著称，其先祖在靺鞨时代已有生产细布的记载。女真人的服装分为两大类：一类为皮装，另一类为麻织服装。从麻织服装的品种之多来看，其纺织手工业分工较细，且已普及到家家户户。入主中原以后，统治者从法令上规定每户定量种植桑枣，并从中原向东北地区迁去大量工匠，于是先进的纺织技术传到东北地区，从来不事蚕桑的女真人也学会了种桑养蚕。大约在章宗明昌年间，东北地区的丝纺业开始发展起来，他们才穿上了自己织出的丝绸衣料。

北宋时期的青、齐、河朔是著名的产绢地区，不仅产量大，而且质量高，有"河北衣被天下""从来河朔富桑麻"之美誉。这一地区被契丹人称为"绫绢州"，与蜀锦并列为全国头等产品。辽国的析津府，史称"锦绣组绮，精绝天下"，单州成武的织纱，"望之若雾"，亳州的"轻纱若蝉翼"，定州的缂丝更是首屈一指，堪称特种手工艺品。金代占领这些地区以后，纺织业更是继续保持了发展上升的势头。由于纺织手工业的发展和丝织品的丰富，丝织品在社会经济生活中的地位不断上升。金代除了把丝织品作为各级官吏的俸给，还用之作为赏赐之物，甚至作为商品输入南宋市场，以换取南宋的铜钱和食粮。

金统治者除了征收户调、收购各类纺织品以供皇室及官员的种种需要，还在真定、平阳、太原、河间和怀州等著名丝织品产地设置作坊，称"绫锦院"，主要生产锦、绮、纱、縠等高档产品。绫锦院隶属都转运司。此外，还有裁造署、文绣署、织染署等丝织品加工业作坊，均隶少府监。裁造署主要裁造"龙凤车具、亭帐、铺陈诸物，宫中随位床榻、屏风、帘额、绦结以及陵庙诸物并省台部内所用物"等。裁造署拥有裁造匠 6 人，当属技术工人，由他们将原料裁剪好后再由一般工人即女针工缝制。女针工共 37 人。文绣署绣造御用与妃嫔等服饰及烛笼罩道花卉。有绣工 1 人，即绣女都管，排绣头 1 人，副绣头 4 人，绣女 106 人，按技术水平分为两等，上等 70 人，次等 426 人，还有见习工若干人。织染署主要是织纴、色染诸供御及宫中锦绮币帛和纱縠。明昌七年（1196 年）并入祗应司。文思署造内外局分印合、伞浮图金银等，尚辇仪鸾局车具亭帐以及织染署、文绣署所用的金线。像文绣署这样的加工作坊，所雇佣的工匠竟达 500 人，那么织造技术和工序更为复杂的绫锦院，其雇佣的工人数量和规模当大大超过此数，其产量也肯定较多。

四、宋辽金元服饰制度

尽管宋代的纺织业和印染业较前代有所发展，但是，从文献和传世的有关实物、图像来看，两宋时期的服饰趋于拘谨、内缩不展、刻板保守，式样花色不十分丰富，色彩也不如隋唐时期那么明快鲜艳，给人以质朴、洁净、自然、规整的感觉。其原因固然与当时的经济发展水平和国力有关，但最根本的在于当时的政治思想和文化意识。

随着理学思想在生活态度和方式上提出"存天理，灭人欲"，人们的美学观点也相应有所变化。整个社会舆论主张服饰不应过分豪华，而应崇尚简朴，尤其是妇女的服饰，更不应该奢华。正因如此，宋时的各类服饰比起南北朝和隋唐的服饰要质朴得多。

（一）宋代的官服

宋代官服主要包括祭服、朝服、公服和时服四种。

1. 祭服

宋代祭服起用了古时的全部六种祭服，其形制大体承袭唐代并参酌汉以后的沿革而定。其中天子衮冕宽一尺二寸，长二尺四寸，前后十二旒。

2. 朝服

宋代的朝服，上身朱衣，下身朱裳，即绯色的罗袍和裙，衬以白花罗中单，束以大带，并用革带系红色的蔽膝，方心曲领，白绫袜黑皮履。挂玉剑、玉佩、锦绶，用不同的花纹来区分尊卑贵贱。穿朝服时，戴进贤冠、貂蝉冠（即笼巾）或獬豸冠。值得一提的是，宋代的笼巾已演变成方顶形，后垂披幅至肩，冠顶一侧插有鹖羽。不论是戴何种冠帽，一般均在冠后簪白笔，手执笏板。

3. 公服

公服即常服，宋代基本上承袭唐代的款式，曲领（圆领）大袖，下裾加横襕，腰间束以革带，头上戴幞头，脚登靴。其尊卑贵贱通过服色来区分。凡三品以上服紫色，五品以上服朱色，七品以上服绿色，九品以上服青色。到了宋神宗元丰年间，由于改制，公服改为四品以上紫色，六品以上绯色，九品以上绿色。

与公服的颜色相匹配的是，宋代也沿袭了唐代佩鱼袋的做法，凡着紫色、绯色者皆佩有鱼袋，不同的是，唐代的鱼袋是用来装鱼形通行证之类的东西，以便核对身份，而宋代则在袋上用金、银饰上鱼形佩在公服之上，系挂在革带间而垂于后，以此区分贵贱。如紫服饰金鱼，绯色饰银鱼。

4. 时服

宋代与前代一样，根据季节，特别是一些传统的节日，如每年的端午、中秋、春节或封建帝王的五圣节等，赏赐给文武大臣服饰，这些服饰就叫"时服"。时服的种类很多，如袍、袄、衫、袍肚、勒帛、裤等。这些时服由于是皇帝的恩赏，为体现皇恩浩荡，所以一般是用高级的丝织品制造的。从现存的文献记载来看，有用天下乐晕锦（灯笼纹锦）、簇四盘雕（将圆形作十字中分，填充对称式盘旋飞翔的雕纹的团花）细锦、黄狮子大锦、翠毛细锦（用孔雀羽线织出花纹）、云雁细锦、宝照大锦（以团花为基础，填充其他几何纹的大中型几何填花纹）、宝照中锦、御仙花（荔枝）锦等作面料的。在这些面料中，最为名贵的当数天下乐晕锦。

（二）宋代男子服饰的基本款式

宋代男子服饰最具普遍性的当数常服，而常服的种类又很多，包括袍、襦、短褐、衫、襕衫、裳、直裰、鹤氅等，下面就其基本款式稍作介绍。

1. 袍

宋代的袍有宽袖广身和宽袖窄身两种类型。大凡有官职者穿锦袍，无官职者着白袍。

2. 襦

宋代襦和袄为平民日常服用的必备之物。形制与前代相比，并无区别。唯一不同的是，由于宋代棉花种植渐次推广，出现了有无夹棉之分。

3. 短褐

短褐是一种既短又粗的布衣。与前代一样，这种衣服体窄袖小，大多为贫苦之人所穿。

4. 衫

衫为宋代男子最基本的常服，有内穿和外穿之分。外穿者款式宽松，称"凉衫"。其中又因颜色不同而名目各异，色白的衫叫"白衫"，深紫色料的衫叫"紫衫"。士大夫用的又叫"窄衫"。《清明上河图》中，有头戴帷帽乘驴之女子也披"凉衫"，看来衫服并非男子专用。由于凉衫大多以淡紫色为主，故宋孝宗时曾规定以凉衫为吊丧之服。另外，"毛衫""葛衫"是因以羊毛和麻葛原料而取名。

5. 襕衫

襕衫出现于唐代，至宋时十分普遍。它是在衫的下摆处加一横襕，以此得名。《宋史·舆服志》云："襕衫以白细布为之，圆领大袖，下施横襕为裳，腰间有襞积（打裥），进士及国子生、州县生服之。"这种襕衫已属于袍衫的形式，接近于官定制服，同大袖常服形式相似，不过其色白且其下前后加缀一横幅，具有下裳之意。

6. 裳

裳是沿袭上衣下裳的古制，是冕服、朝服或私居服的式样。宋时也有上衣下裳的穿法。男子用对领镶黑边饰的长上衣配以黄裳。燕居时不束带，待客之时以大带束之。

7. 直裰

直裰是一种比较宽大的长衣，由于下摆无衩而背部却有中缝而称"直裰"。

8. 鹤氅

鹤氅是一种用鹤毛与其他鸟毛合捻成绒织成的裘衣，十分贵重。

除上述 8 种之外，宋代男子服饰还有布衫和罗衫。内用的叫汗衫，有交领和圆领两种款式，质料很考究，多用绸缎、纱、罗。颜色有白、青、皂（黑）、杏黄、茶褐等，贵族裤色以黄、棕、褐为主色，平民因为不断劳作，质地以粗糙耐用的麻、棉织品为多。

（三）宋代女子服饰的基本款式

与前代相比，宋代妇女服饰最显著的一个不同是一般都不穿袍，仅在宫廷歌乐女子中间，于宴舞歌乐中穿之。当时妇女的上衣有襦、袄、衫、背子、半臂、背心等形制。

1. 襦、袄

襦、袄是一种短衣，最初一般作为亵衣，也就是内衣穿用，以后由于其式样紧小，便于做事而被穿着在外。如前所述，襦为唐代妇女的主要服饰，到了宋代，情况虽然有所变化，但在下层妇女中仍然十分流行，一些贵族妇女大多将其作为内衣穿着，外面再加以其他服饰。宋代襦、袄的样式与前代相比，虽然都较短小，但腰身和袖口都比较宽松，以质朴、清秀为雅，通常采用低纯度色，如绿、粉、银灰、葱白等，或素或秀，质地有锦、罗或加以刺绣。常与裙子相配套。

2. 衫

这是宋代妇女一般的上衣，袖子较襦袄为短，以丝罗为主。宋代诗文中所常提到的"薄罗衫""轻衫罩体香罗碧"，指的都是这类服饰。

3. 背子

可以说这是宋代女子服饰中最具时代特色的，也是当时最常见、最多用的女子服饰。我们在前面已经指出，背子始见于隋唐时期，当时因这种衣服袖子为半截且衣身不长而得名。但是，到了宋代，其式样发生了某些变化，除了将半截袖改为长袖、衣身变长，还腋下不开胯，即衣服前后襟不缝合，而在腋下和背后缀有带子的式样。在唐代，腋下的双带一般用于将前后两片衣襟系住，可是宋代的背子并不用它系结，而是垂挂着作装饰用，意义是模仿古代中单（内衣）交带形式，表示"好古存旧"。穿背子时，在腰间用勒帛系住。宋代背子的领型有直领对襟式、斜领交襟式、盘领交襟式三种，其中以前者最为普遍。背子的袖口与衣服各片的边都有缝边，衣的下摆十分窄细，这一点在一定程度上可以说与晚清民国时期的旗袍有某些类似之处。从穿着效果来说，背子穿着后的外形一改以往的八字形，下身极为瘦小，甚至成楔子形，使整个身体显得瘦弱，这正是与当时的审美观念相一致的，当时社会普遍以女子瘦小、病态、弱不禁风为美。

4. 半臂、背心

半袖长衣为隋唐以来的传统服装，在宋代地位卑下的妇女当中所流行的半臂、背心，可谓是隋唐余绪。这两种服饰的样式基本相同。通常为对襟式，半臂有袖而短；背心则无袖。

5. 裙

宋代妇女无论贵贱，下身多穿裙子。其区别主要在质地和装饰上，至于其款式，则区别并不明显，上层妇女不仅用高级丝织品为材料，还用郁金香葶染于裙上，使之阵阵飘香。宋代裙子有六幅、八幅、十二幅，甚至更多幅的，中施细裥，多如眉皱，称为"百叠""千褶"，类似于后世的百褶裙。在衣着的配色上，裙子通常比上身服色更为鲜艳，有青、碧、绿、蓝、白及橘黄等颜色。其中青、绿色裙子多为老年妇女或农村妇女所穿。

6. 围腰

这是宋代妇女比较独特的服饰，当时妇女常在腰间围一幅围腰，既可以起到束腰的作用，又能起到装饰作用。因为这种围腰不仅可以在上衣和下裳之间通过颜色进行搭配，而且其上也可缀以某些装饰物。宋代围腰颜色最多的是鹅黄色，被称为"腰上黄"。

（四）辽代官服

辽太祖在北方称帝时，以甲胄为朝服。占领后晋领土后，辽代统治者受汉族影响创立新的服制，契丹族官吏着本民族服装，汉族官吏仍穿汉服。乾亨年间服制又有所变化：三品以上的契丹族官吏在举行隆重典礼时也着汉服。日常官服分两种：皇帝及汉族臣僚着汉服，皇后及契丹族臣僚穿契丹服。重熙元年（1032年）以后，举行大礼都改着汉服。辽代皇帝和宋代皇帝对待异族服饰的态度不大相同。宋代皇帝采取禁止胡服流传的强硬做法，而辽代皇帝对汉服采取吸收、宽容的态度，把它当作礼服。

皇后小祀时，戴红帕，服络缝红袍，悬玉佩，穿络缝乌靴。这与宋代后妃服饰比较起来，款式及花样略显简单、单调。

皇太子谒庙还宫、元日、冬至、朔日入朝要戴远游冠，着绛纱袍。其冠三梁，加金附蝉九，首施珠翠，犀簪导。与宋代皇太子相比，朱明衣换成了绛纱袍，略趋简朴。

辽代臣僚戴毡冠，饰金花，加珠玉翠毛，额后垂金花。有的戴纱冠，制如乌纱帽，无檐，不掩双耳，额前缀金花，上结紫带。有的着紫窄袍，系带，用金玉、水晶、靛石缀饰，称为"盘紫"。高龄老臣，可服锦袍、金带。二品官以上戴进贤冠三梁，加宝饰；五品官以上，其冠二梁，加金饰；九品官以上，其冠一梁，无饰。臣僚通常着窄袍、锦袍，一般左衽，圆领，窄袖，颜色偏灰暗。

（五）辽代民服

辽代，男子冬季多穿貂袄、羊皮或狐皮外衣，肩围"贾哈"，足着乌皮靴，以求保暖。平时则头戴幞头，着圆领袍或开胯袍。妇女冬季戴貂帽，身着襦、袄；夏天，则着裙、衫。其中的团衫，有黑、紫、绀等色，直领左衽，前后着地。裙多为黑、紫色，上面绣有花卉。这说明，契丹改国号为辽以后，服制实行多元化，本民族服饰与汉族服饰交织在一起。

（六）金代权贵服饰

金代权贵，春夏衣着多用纻丝制成，秋冬服装多用貂鼠、狐、貉、羔皮制作。他们的裹头巾，在方顶的十字缝中加饰珍珠。自从金人进入黄河流域之后，金代执政者参酌汉、唐、宋的先例，颁布了新的服制。

　　皇帝的衣冠无疑是最华贵的。皇冕，青罗为表，红罗为里。冕天板下有四柱，前后珠旒共二十四旒。黈纩二，珍珠垂系，玉簪，簪顶刻镂云龙。这种形制与唐宋时期的相比，显得更古老。皇帝的衮服包括衣和裳两部分，衣用青罗夹制，五彩间金绘画，正面有日、月、升龙等图形，背面有星、升龙等图形；裳用红罗夹制，绣有藻、粉米等图形。凡是大祭祀、加尊号时，皇帝服衮冕。而出行、斋戒出宫、御正殿时，戴通天冠，着绛纱袍。皇帝临朝听政的服饰，前后期有所不同。开始，服赭黄装；后来，服淡黄袍。常朝则戴小帽、着红襕、系偏带或束带。皇后首服是花株冠，以青罗为表，青绢衬金红罗托里，有九龙、四凤，前面大龙衔穗球一朵，前后有花株各十二，还有孔雀、云鹤等图案，用铺翠滴粉缕（镂）金装珍珠结制，下有金圈口，上用七宝钿窠。花株冠因有"花株各十二"而得名，它比唐、宋时期皇后的首服更加讲究。皇后的祭服叫袆衣，深青罗织成翚翟之形，领、袖端、衣边用红罗云龙。裳，用深青罗织成翟纹，边缘为红罗云龙纹。袆衣古已有之，不过金代的袆衣图案更加多样，做工更加考究。

　　皇太子的桂冠，用白珠九旒，红丝组为缨，青纩充耳，犀簪导。衮服，青衣朱裳，衣有山、龙等五种图案，裳有藻、粉米等四种图形。白袜，朱舄。这是皇太子谒庙时的衣着，与宋代皇太子的衮服大同小异。太子入朝、赴宴，则用朝服，即紫袍、玉带、双鱼袋。太子视事及会见宾客，则戴小帽，穿皂衫，束玉带。这种装束显得轻便，随和，自然。

　　金代百官的朝服，用于导驾及行大礼。正一品的衣着为：貂蝉笼巾，七梁额花冠，犀簪导，佩剑，绯罗大袖，绯罗裙，绯罗蔽膝，绯白罗大带。白绫袜，乌皮履。正二品的衣着为：七梁冠，犀簪导，绯罗大袖，杂花晕锦玉环绶。其他官员，品级越低，冠梁越少，服饰质地越差。礼服，文职官吏五品以上者着紫服，六品、七品者着绯服，八品、九品者着绿服。具体形制是，三师、三公、亲王、宰相一品服大独科花罗，执政官服小独科花罗，二品、三品服散答花罗，四品、五品服小杂花罗，六品、七品服绯芝麻罗，八品、九品服绿无纹罗。以不同品种花卉标志品级不同，这是金代官服的首创，别具一格。

金代前期实行鱼袋制。皇太子束玉带，佩玉双鱼袋。亲王束玉带，佩玉鱼。文官，一品束玉带，佩金鱼。二品束筅头球文金带，佩金鱼。三品、四品束荔枝或御仙花金带，佩金鱼。五品束红鞓乌犀带，佩金鱼。武官，一品、二品佩玉带，三品、四品佩金带，五品至七品束红鞓乌犀带，都不佩鱼，八品以下则用皂鞓乌犀带。大定十六年（1176 年），世宗认为吏员与士民的服饰区别不大，有关机构不易检查，于是决定改为书袋制，即在官吏束带上悬书袋，作为官吏区别于士民的标志。其质料、颜色因品级不同而有所不同。省、枢密院令、译史用黑红丝制成，台、六部、宗正、统军司、检察司用黑斜皮制成，寺、监、随朝诸局及州县，用黄皮制成，各长七寸，宽二寸，厚半寸，并于束带上悬戴，公退时悬于便服，违者将受到有关机构的查处。

（七）金代女服

金代妇女穿襜裙。它多为黑紫色，上面绣全枝花，周身有六褶。上衣为团衫，黑紫色或绀色（红青），直领，左衽，前拂地，后曳地，用红黄带，双垂在前。老年妇女用皂纱，盘笼髻，散缀玉钿于其上。结婚的女子穿对襟彩领衣，前拂地，后曳地。金代女服修长，显得格外潇洒。贵妇人多戴羔皮帽，喜欢用金珠装饰。

第二节　宋辽金元服饰文化

宋辽金元处于古代民族融入中原的活跃期，这一时期的服饰文化发展从一个别有风味的侧面记录着当时民族大融合的波澜壮阔。服饰形制、衣饰种类、装饰风格、织造工艺等方面的传承发展历史，实质上是北方多民族文化最终汇聚为具有统一性的中华文化的演进过程。

宋代结束了五代十国割据的动乱局面，社会经济得到一定程度的发展。"程朱理学"占据了宋代的思想统治地位，影响了宋代的生活方式与审美标准，在服饰上表现出一种简朴、内敛的倾向。宋承唐制，有传统式样的祭服、朝服，同时又崇尚礼制，故宋代对冕服制度进行了修订。冕服、朝服形制与前代相似，但公服则与隋唐常服形似，由此宋代的朝服与公服有了较大区别。士人服饰呈现一种雅净内省之风，庶民百姓穿着亦有一定规范。宋代官员的常服实际上也是一种官服，戴展脚幞头，系装金、犀銙的革带，平民皆不可穿着。宋代还有其他各式幞头，如脚、交脚、朝天以及无脚等。日常生活中，宋代男子多戴巾，如士人戴的东坡巾、劳动者戴的扎巾等。

宋代女装上衣有襦、袄、衫、半臂、背心等形制，下装以裙为主，整体风格趋于修长，飘飘曳地，显得风姿绰约，与晚唐、五代宽绰的服饰有别。霞帔出现于宋代，原为宫中后妃礼服中所佩之物，继而遍施于命妇，后来民间也广泛使用。霞帔多用金线刺绣，绕项披于胸前，垂至膝部以下，底端系坠子。依佩带者身份的不同，帔坠有玉、金、银各类，其中不乏工艺精品。

虽然辽代是契丹族所建立的政权，但其统治下的民族不只是契丹族，还包括汉族和其他少数民族。辽统治者针对不同的民族，采取了不同的统治方式。从大的方面而言，从辽太宗开始便对汉人和契丹人采取分治，官分南北。南官以汉制治汉人，穿汉服；北官以契丹制治契丹人，穿契丹服。后来三品以上北官行大礼也穿汉服。常服则皇帝及南官穿汉服，皇后及北官穿契丹服。

据文献记载，耶律阿保机在接见李嗣源派出的使者时，穿锦袍，垂大带。由此可见，皇帝穿汉服在辽代确有其事。那么，辽代的汉服款式如何呢？从文献和考古出土的情况来看，其汉服继承了五代后晋的遗制。而据《旧五代史》《新五代史》，后晋祭服大祀戴金文金冠，着白绫袍，红带悬鱼，穿错落缝靴；小祀时戴硬帽，着红绯丝龟文袍。朝服为络缝红袍，束犀玉带，后改锦袍金带。以穿新疆獐皮靴为贵。公服为紫皂幅巾，紫窄袍，束玉带或着红袄。常服为盘领（即高圆领）左衽绿衣窄袖袍。贵者着紫里貂裘。腰带上佩有弓、剑、帉帨等。士兵皆髡发露顶左衽。契丹及其从属部落百姓也只能髡发，有钱人想戴巾子，需向官府缴纳大量财富。

《辽史》所记载东北契丹人男子髡顶、垂发于耳畔的情况，再结合近年来东北库伦、河北宣化、张家口等地出土的辽代墓葬关于契丹人的壁画，证明传世的五代契丹著名画家胡瓌所画的《卓歇图》中人物的发式、服装是当时流行的。垂发的大致情况是：有在左右两耳前上侧单留一撮垂发的，有在左右两耳后上侧留一垂发，两侧垂发与前额所留短发连成一片的；有在左右两耳前上侧留一撮垂发与前额所留短发连成一片的；有在左右两耳前后上侧各留一撮垂发，顶与前额均不留发的。这些垂发均为散发，对于契丹女子而言，凡仕宦之家的女子，在家时皆髡首，到出嫁时才留发，并在面部涂金色，叫作"佛妆"。

据《辽史》所载，辽国皇后的契丹服的具体款式为：祭祀时戴红帕，穿络缝红袍，悬玉珮和双同心帕，脚穿络缝乌靴。而其他妇女的服饰，有上穿襦衫，下穿褶裙，褶裙穿于衫内的；有戴爪拉帽的，穿衫裙，腰带挂玉组环的。服式作直领或左衽，前垂地，而后长曳地尺余，双垂红黄带。妇人所束的裙子多为黑紫色，上绣以金枝花，足蹬皮靴。

由于成吉思汗的铁骑多次进入西夏地域，西夏文物典籍屡遭损毁，所以文献中关于西夏的服饰材料十分罕见。在考古发掘中，尚无完整的发现，这给我们了解西夏的服饰带来了相当大的困难。

我们只能从西夏的洞窟壁画、木版画等人物绘画上所保留的部分
党项族的着装人物形象，了解其大概。

金代为女真族所建，原臣服于辽，自完颜阿骨打于 1115 年建
国，到 1234 年被蒙古所灭，前后历经 119 年。文献记载金人的习
俗是人死后，"死者埋之而无棺椁。贵者生焚所宠奴婢、所乘鞍马
以殉之。其祀祭饮食之物尽焚之，谓之烧饭"。北京、辽宁、内蒙
古、黑龙江等地所出土的金代墓葬均有被火焚的迹象，证实金人
死后实行火葬，所以其遗存实物极少。好在其文献材料中关于当
时的服饰记述比辽代和西夏要丰富得多，我们从文献材料出发，
再结合有关绘画和出土的砖俑，约略可知其服饰情况。

自从女真人进入燕地，便开始模仿辽代的统治制度，分南、
北官制，注重服饰礼仪制度。但是，其衣以袍为主，左衽、圆领、
小窄袖，服饰的等级不分明，没有严格的规定，服饰简而朴实。
后来进入黄河流域以后，吸收宋代的冠服制度，从此衣着锦绣，
一改过去的朴实，并逐渐在重大朝会典礼时，服饰都习用汉族服
饰的文化传统。

天眷、皇统年间详定百官朝参之仪，并用朝服，依汉服款式
造袍裳服饰，服衮冕、戴通天冠，着绛纱袍等朝、祭服饰，当时
金人的朝服几乎全部沿用宋制，只有部分稍有改动，具体而言，
皇帝冕服为通天冠、绛纱袍，皇太子远游冠。百官分朝服、冠服、
公服，以梁冠、衣色、腰带与佩鱼来区分等级。

百官之常服，为盘领窄袖，在胸膺间或肩袖之处饰以金绣花
纹。头裹四带巾，即方顶巾。用黑色的罗、纱制作，顶下二角各
缀两寸左右的方罗，长七寸，巾顶中加以顶珠。足着马皮靴，这
也是女真族不论阶层、不分男女的通服。

服饰变化是中华文化交往交流交融的明显标志之一，为中华
民族共同体的形成和铸牢中华民族共同体意识提供了历史依据。
在北方民族服饰的发展过程中，战国时期的"胡服骑射"奠定了

服饰文化交往交流交融的基础，魏晋南北朝服饰的融合开启了唐代以中原礼制为代表的中国冠冕制度和基于鲜卑服与西域胡服融合而成的常服传统的"双轨制"，奠定了中华服饰文化的基调。西周晚期至春秋中期的夏家店上层文化墓葬中就已出现包裹在青铜器上的丝织物痕迹。辽夏金元的丝织物更加丰富，从丝织种类、装饰风格和织造工艺看，主要融入了唐宋文化的因素，还受到来自中亚、西亚文化的影响，从更加细节的层面体现出北方民族与中原农耕民族及西域以西民族的文化碰撞、包容及形成中华文化认同的过程。

（一）服饰形制中的承袭与相融

《尚书正义》注"华夏"："冕服华章曰华，大国曰夏。"服饰在中华文化中不仅是衣服，还承载着彰显礼仪、尊卑、名分的功能，这在服饰形制中体现得尤为明显。然而，服饰形制并不是一成不变的，其变化融合于各民族交往交流交融的历史之中。

辽代从"北班国制，南班汉制"到"大礼并汉服"。辽代早期南北分俗而治，确立了衣冠制度。《辽史·仪卫志》记载，辽代早期北班服饰依照契丹人的习俗，以长袍为主，男女皆然，上下同制；南班汉人服饰为汉族装束。契丹在建立辽朝后，开始形成南北分治的冠带制度，南班服饰继承了后晋遗制，直到辽代中期才有所改制。《辽史·仪卫志》记载："乾亨以后，大礼虽北面三品以上亦用汉服；重熙以后，大礼并汉服矣。"可见，辽代中期以后，服饰上的严格规制发生了很大变化，随着契丹与汉族交往交流交融程度的逐步深化，契丹人可以穿汉服，汉人也可以穿契丹服。辽代衣冠制度的变化反映了当时从宫廷到民间都存在广泛的文化交流互鉴。

西夏官服融合多民族特点。关于西夏文武官员和庶民的衣着，在《宋史·夏国传》有记载："文资则幞头、靴笏、紫衣、绯衣；武职则冠金帖起云镂冠、银帖间金镂冠、黑漆冠，衣紫旋襕，金涂银束带，垂蹀躞……"可见，西夏文官服饰有宋代流行的幞头，武官服饰则有北方游牧民族盛行的"蹀躞带"。从文献记载和考古实物看，西夏的服饰主要受到宋代的影响，但因创建西夏政权的"党项"属于北方游牧民族，在戴毡冠、穿窄袖衫和佩戴"蹀躞带"等习俗上，又与吐蕃、回鹘、契丹、女真等古代民族具有共性。

元代服饰承袭汉制又兼具自身特色。元代是中国历史上民族融合的时代，其衣着也充分体现了这一特点。元代的丝织服饰，无论是文献记载的名目，还是墓葬壁画中的人物衣着和出土实物的样式等，基本上承袭了两宋时期的服饰艺术。其中，官服长期沿用宋式，直到元英宗时期才参照古制，制定了天子和百官的服制，但仍与汉制存在共同点。《元史·舆服志》中记载，元代曾明令庶人"不得服赭黄"，这与《旧唐书·舆服志》所载的"禁士庶不得以赤黄为衣服杂饰"具有一致性。黄色与帝王服饰相关联也是元代服制与汉制相融合的一个体现。

（二）服饰工艺的互相借鉴与发扬

我国是世界上最早种桑养蚕和生产丝织物的国家，早在5000多年前就出现了蚕和罗绢等实物。各地遗址出土的罗织物、绢片和丝带等，不断丰富着我国服饰发展的历史资料，丝织物的较早使用也给服饰工艺留足了交流与发展的时间。

辽代服饰工艺和装饰技艺与唐宋密切相关。契丹人在阻午可汗时期就开始发展纺织业，到耶律阿保机伯父述澜时已种桑植麻、纺织衣布。辽宁省法库县叶茂台7号辽墓出土的冠、长袍、短袄、裙、裤、套裤、手套、靴等，质地包括绢、纱、罗、绮、锦、绒圈等。内蒙古科右中旗代钦塔拉辽墓出土的帽、长袍、短袍、袄、长裤、短裤、裙及面料，质地有锦、绫、绮、罗、缂丝、绢等。绵袍、织锦在辽耶律羽之墓出土的丝织物中能找到同类的样式，这些锦绢罗绮等辽代早期衣物的制作技艺，多有唐代服饰艺术的因素。内蒙古翁牛特旗解放营子辽墓出土的烟色泥金印花缠枝牡丹纹四绞罗，这种泥金印花织物的织造工艺在宋朝颇为流行。内蒙古科左中旗努日木辽墓出土的纱、绮、绫、锦、罗、绢，工艺考究，绣工精美，与宋代丝织物非常接近，多数应是从北宋传入。

西夏服饰的编织技艺与南宋时期的编织技艺具有一致性。宁夏银川市西夏陵区 182 号陪葬墓出土了素罗、纹罗、工字绫、异向绫、茂花闪色锦等，其中异向绫和茂花闪色锦与江苏省金坛宋周瑀墓、福建省福州市南宋黄昇墓出土的同类丝织品不同，但在编织技艺上又存在着一定的内在联系。内蒙古额济纳旗老高苏木遗址出土的穿枝牡丹纹丝织残片、小团花纹丝织残片、牡丹纹刺绣残片，写实性较强，具有淳朴的民间气息，在装饰题材和制作工艺上与宋代丝织物呈现出一致性。

金代将宋代的织金工艺融入服饰制作之中。黑龙江哈尔滨市阿城区金齐国王完颜晏夫妇合葬墓出土的袍、衫、裤、裙、腰带、鞋、袜、冠帽，质地有绢、绸、罗、锦、绫、纱，技法有织金、印、绘、绣，绣法又有辫绣、打籽绣、贴布绣、盘香绣、圈金绣等。织金锦使用的金线都是将纯金箔狭条加捻后包卷于芯线上，形成具有金光的圆金线，也称"捻金线工艺"。女真人早期衣着面料多为布和皮，在中原文化的影响下，贵族服饰面料开始采用织金工艺制作。金齐国王墓出土的丝织衣物，所采用的织金技法有编金、描金、印金、圈金、钉金、贴金和影金，这批保存完好的织金丝织衣物弥足珍贵，见证了与宋代织金工艺的融合。

元代织造技术带有明显的南宋风格。内蒙古镶黄旗哈沙图墓葬出土了织金锦、提花罗、印金绢、绫等，其中的绫在唐宋时期非常流行，但该绫织物织造比较粗犷和厚实，与唐宋的纤薄轻盈形成鲜明对比，应为元代改造的特点。元代统一全国后，从江南挑选 10 余万丝织工匠（蒙古人称之"巧儿"）到官府手工业作坊中从事织造工作，同时从中亚等地迁移大批工匠充实纺织业，其中包括为数众多的织造织金锦的高手。这些不同地区的工匠相互交流技艺，共同推动织金锦技术的推广和提高，使得这一时期的北方丝织物在织造技术上都带有明显的南宋和西方风格。

（三）服饰纹样装饰的潜移趋近

服装纹饰是增强服饰精致性、展现服饰风格特色的重要部分。辽金夏元服装上的装饰图案特征也充分体现着民族融合时期的文化互动与交融。

辽代服饰出现唐宋常见的团窠图案。从考古发现的实物来看，辽代服饰既保留契丹民族的特点，又融入唐宋服饰的风格，还受到西域及以西地区文化的影响。辽代服饰装饰纹样出现大量的团窠图案，如团窠卷草对凤织金锦长袍、大窠卷草双雁蹙金罗残片、描金团窠仕女纹绫残片等。这些是唐宋丝织物最常见的装饰图案，唐代文献有独窠、两窠、四窠绫的名称记载，宋代文献也有大窠织锦之名，说明辽代服饰融入了唐宋装饰图案的风格。从考古发现的辽代丝织衣物来看，早期主要受到唐代的影响，正如赵丰所说："团窠是唐代丝绸纹样的传统，到辽代依然是最流行的纹样单元。"辽代中晚期在延续唐文化的基础上更多受到宋文化的影响，部分图案可能从宋地传入，如衣物上的植物花鸟就是宋代普遍流行的特征，被辽代继承和推广。联珠纹、摩羯纹则是唐代深受中亚和佛教文化影响的体现，辽代有所转借。此外，根据文献记载，辽代设置榷场、和市，与高昌、西北诸部、高丽、女真、铁离、于厥、鞑靼等进行商贸交易，交易物品包括了帛、布、绢等丝织物，这也能看出辽代与周边民族交往交流交融的历史事实。

金代服饰装饰题材与唐宋相类。《金史·舆服志下》就有关于女真族服饰"春水之服则多鹘捕鹅，杂花卉之饰，其从秋山之服则以熊鹿山林为文"的记载。常服上的装饰图案与女真人四时捺钵捕猎的不同动物以及环境色有关。金代女真属于游牧游猎民族，服装颜色与环境接近能够起到保护的作用。冬天多喜用白色，春天则在上衣绣以"鹘捕鹅、杂花卉"以及熊、鹿、山林等动植物纹样，同样起到麻痹猎物、保护自己的作用。金朝的仪仗服饰，以动植物为主要装饰题材，如孔雀、对凤、云鹤、对鹅、双鹿、牡丹、莲荷、宝相花等，并以宝相花的大小来区别官阶高低。其装饰题材与唐宋时期汉族图案相类，纹样形式则与元代相近。

元代服饰纹样具有丝绸之路交流特征。内蒙古达茂旗明水墓为元代古墓，出土了黄褐色织金锦袍、织锦风帽、缠枝花卉织金锦裤脚、缂丝靴套、异文织锦残片、紫地珠搭鹿纹织金锦辫线袍残片、黄色织锦绢棺壁贴、红地方搭织金绢、黄地方搭花鸟妆花罗腹衣、缠枝菊花飞鹤花绫、彩条纹绸、绢靴帮黄色绢残片等一批丝织物。这批丝织物中的织金锦主要产自北方的汪古部之地（汪古部族世居之地为辽金属地），缂丝荷花是南宋常见之物，宝相花纹样继承了唐代的风格，却向写生方向发展，这应与南北方文化交流、逐渐趋同有关。对狮、对鸟图案和撒答剌欺织锦技术，与 10 至 12 世纪中亚丝织物上的纹样和工艺相近，这表明这一时期草原丝绸之路东西方文化交流频繁。

辽夏金元时期各民族服饰文化的交融，其实质是不同民族文化最终汇聚为具有统一性的中华文化的历史过程。而中华文化认同，又是我国各民族共同熔铸为多元一体的中华民族共同体的前提与基础。因此，辽夏金元服饰文化交融是这一时期民族融合与文化认同的心理纽带和交往途径，为中华文化认同的形成与发展规律提供历史演进的支撑，也是多民族共融的中华物质文明结晶。

第三节　宋辽金元服饰体态

衣服是我们再熟悉不过的日用之物，它早已从满足御寒蔽体的生存需要，发展为融合了私人审美情趣的个性表达。中国服饰的历史源远流长，历经原始社会、商周、春秋战国、秦汉、魏晋南北朝、隋唐五代、宋辽夏金元、明清和近代的发展，各时期风尚各异，多彩多姿。

一、宋辽金元时期的发型与体态表达

发型不仅仅是一种外在表现，其背后往往蕴含着深刻的风俗文化内涵。宋代女子发型大概分为两种——高鬟和低鬟。尽管宋代女子可以随意打理自己的发型，但发型的选择也体现着个人的家庭经济实力。毕竟发型的选择会影响劳作效率，因此家境殷实之人往往梳高鬟，而较为贫寒女子会选择低鬟。所谓"高鬟""低鬟"，其实只是笼统的划分，若进一步划分，那宋代女子的发型就更多了。

（一）朝天髻

基本特征是在头顶梳个高髻，将头发在头顶辫成两个圆柱形，然后朝前反搭，这是为了使发髻显得高大饱满。这种发型看起来干脆利落，直接把所有的头发都高高地盘起来，然后插上各式珠宝，甚至是鲜花，让头发看起来雍容华贵。早在唐代就十分盛行此种发式，周昉的《簪花仕女图》中所描绘的两个贵妇，体态丰盈，都梳着高髻发型，上面还装饰着各种珠宝与鲜花。至宋代，这种发髻在宫廷之中是一种流行的风尚。

（二）同心髻

同心髻是由朝天髻演变而来，但其造型步骤要比朝天髻简单许多。梳同心髻只需将头发绾到头顶，编扎成一个圆形发髻即可，尽管工序简单，但实际上依旧美观。陆游曾描写蜀地三峡一带的女性："未嫁者，率为同心髻，高二尺，插银钗至六只，后插大象牙梳，如手大。"由此可见，同心髻当时也很盛行。

（三）流苏髻

这种发型类似于同心髻，只是在扎束头发时，在发根缠绕丝带，使其自然下垂到肩膀部位，看上去非常轻盈。琴抚流苏髻，笛横红颊香。流苏髻带给人的就是这样一种温婉、清秀之感。

（四）龙蕊髻

龙蕊髻又名"双蟠髻"，髻心特别大。在盘完头发之后，还要在头发上扎上一些彩色的丝带，远远看去就像是两条龙一样，因此别名又叫"双蟠髻"。苏轼曾在《南歌子·楚守周豫出舞鬟，因作二首赠之》中这样描述双蟠髻："绀绾双蟠髻，云欹小偃巾，轻盈红脸小腰身。"从外形上看，龙蕊髻典雅大气，这种发式更能凸显女人的韵味。

（五）云髻

这也是一种高髻，因为梳得高耸，显得有些蓬松，像云朵的形状一样，所以得名"云髻"，再搭配上簪子，使人看上去柔弱却大方文雅。宋朝晏几道在《浣溪沙·已拆秋千不奈闲》中说："旋寻双叶插云髻。"赵长卿在《醉蓬莱·端午》中说，"拂掠新妆，巧梳云髻。"这些词句所咏唱的便是这种发式。云髻直到清朝依然存在，例如《红楼梦》中曾经记载：黛玉头上挽着随常云髻。

（六）堕马髻

这种发型的特色在于头发向下侧垂至肩部，并抽出一缕头发使其自由散落，给人一种散落、妩媚的感觉，犹如女子即将从马上摔落之姿。因此古人称"堕马髻，折腰步，龋齿笑，以为媚惑"。这种髻型早在汉朝时期就已见于文字描述，起初是搭肩垂髻的形状，后来在各个朝代传承演化，直到清代仍然深受喜爱，但主要受中年妇女喜爱。从汉至明，堕马髻的形状在各朝代略有不同，但主体形式不变，基本上都是偏侧，使挽结的头发倒垂于头的一侧或脑后。到宋朝，堕马髻逐渐变为一种高髻，宋朝诗人洪瑹在《菩萨蛮·春感》中就有关于堕马髻的描写："蛾眉梳堕马，翠袖薰兰麝。"

（七）螺髻

从螺髻的名称我们可以看出，这种发式形状像螺壳的发髻，是将头发盘到头顶，绾成螺壳状，螺髻以高、翘为特点，搭配上流苏更显静美与大气，也能彰显青春活力。这种发式出现得很早，其形状和出土的春秋战国时期古墓壁画上的发式类似，在宋代年轻女性中颇为流行。有人将螺髻比喻为耸起的峰峦，这也是取自螺髻凹凸明显的外形。比如唐代皮日休的"似将青螺髻，撒在明月中"，既是对山峰连绵的描写，也为螺髻在唐朝的出现提供了佐证。

起初梳这种发式的一般是孩童，崔豹曾经这样描写："童子结发，亦为螺髻，亦谓其形似螺壳。"但是经过历代流传与改进之后，这种发型也受到了女子的热烈欢迎，而且梳这种发式的大多是年轻女性，因为这是一种较为活泼的盘发。这种发型扎起来以后，女性显得无比可爱、干练，很有气质。"困倚妆台，盈盈正解螺髻，凤钗坠，缭绕金盘玉指，巫山一段云委"，晁补之所描述的女子便梳着这种螺髻发式。南宋之后，这种发式依然得以流传和保留，如南宋词人辛弃疾在《水调歌头·簪履竟晴昼》中写道："螺髻梅妆环列，凤管檀槽交泰，回雪舞纤腰。"

（八）包髻

包髻，顾名思义就是将头发扎成髻后，用手绢或布把头发包裹起来，由此得名包髻。宋朝妇女可以把包裹在头上的绢、缯等束成各种各样好看的形状，另外也会采用一些珠花加以装饰，最终形成一种简洁朴实又不失精美大方的发式。因此这种发式多在民间流行，深受年龄较大的妇人喜爱，如《东京梦华录·娶妇》记载媒人"戴冠子，黄包髻"。

宋词中记载的宋代女性发髻还有很多种，如凤髻、宝髻、多鬟髻等。其实，这和我们今天女子设计不同发型的目的是一样的，发型的多样是为了配合服饰，使整个人看上去更加窈窕，提升气质。宋代无论哪种发式看上去都给人以饱满之感，这是因为宋朝女性的服装特点是修身适体，一反唐代的风华美丽、雍容华贵的特点，展现出一种内敛拘谨、简洁质朴的风格。宋朝女服没有唐代那种宽大的袖襟，流行瘦、细、长的穿衣风格，一般平民女子仍穿窄袖衣衫，且较之晚唐更为瘦长，裙裤也比较瘦短。衣服的配色也不同于唐代以红、紫、绿、青为主的传统，多采用各种素淡的颜色。这种服饰特点使整个人显得比较瘦弱，凸显女性的线条美，在这种情况下，梳高髻从视觉上衬得脸小而修长，头型也显得更立体，高大的发髻衬托得人并非清雅消瘦，在发髻上再插上各种饰物，更显美丽动人。

宋时男子发型基本延续了周朝制定的缚髻制度，但不同朝代对于发髻上的配饰要求各有区别。唐宋时期开始流行戴类似帽子样式的装饰，称作"幞头"，但唐宋两朝的幞头也有差异：唐朝幞头帽圆顶，帽脚下垂；宋初幞头帽平顶，帽脚平直且较长。值得一提的是，宋时男性酷爱在头上簪花，不仅仅是为了外在的华美，更是为了表达一种对未来的美好祈愿，既契合了当时的审美潮流，也符合官方的礼仪规范。1998年央视版《水浒传》里，有段王妈妈和潘金莲在屋子里聊天，西门庆掀门帘进来的镜头。在一套不起球不起褶的好衣服之外，西门庆还在头上别了一朵红花，再加上脸上那一团笑，平添了几分风流韵味。

辽金元三朝都曾极力融入中原文化，因此此时的发型发饰与唐宋时期并没有太多不同，同样有灵蛇髻、高髻等。另外，在发饰方面，辽金元时期的女子经常在头上簪上宽大的角梳、凤钗等，在凤钗末端常常垂下一颗珠滴，而角梳两旁则插上花钿。关于这一时期的男性发型，总的来说，汉族男性变化不多，辽代男子依契丹族习俗多作髡发，其样式从传世的《卓歇图》《胡笳十八拍图》及辽墓出土的壁画上都可以看到。髡发，即将顶发剃光，两鬓或前额留下少量头发作为装饰。有的额前留有一排短发，有的耳边披散鬓发，有的把左右两绺头发剪成特殊形状，下垂至肩。从近来发现的文物上看，有的妇女也作髡发。从五代时期的《卓歇图》我们可以看到，大部分男子几乎剃光了头，只在两边留下两个小辫。正如沈括在《〈熙宁使契丹图抄〉疏证稿》中描述的那样："其人剪发，妥其两髦。"当然，这只是基本样式，具体又有多种花样。可以看到，辽人有的会在前额留一圈稀疏的刘海；有的会把小辫结成发髻垂在脑后。在具体的辽墓壁画中，我们看到的奇特发型就更多了。其实，辽人的这种奇特发型历史非常悠久。他们的祖先乌桓和鲜卑，早在东汉时就开始剃头了。《后汉书》记载，乌桓"父子男女相对踞蹲，以髡头为轻便"，鲜卑"婚姻先髡头"，当然，像耶律璟、耶律贤那种留发披肩的发型其实也有。

二、宋辽金元时期的服饰与体态表达

宋时服饰简约、高雅、精细、舒适。一般在日常生活中，人们不太追求过度奢靡。北宋妇女普遍穿长裙，裙子能把脚面盖住。但在北宋崇宁至大观年间，流行短褙样式。短褙即短款的服装，这样式是从女乐伎中流行开来的，最后在市民百姓间普及，穿着方便，行动也方便。宋时服饰能够很好地衬托女性瘦美的体态。晏几道曾经称赞美人李师师，"远山眉黛长，细柳腰肢袅。妆罢立春风，一笑千金少"，可见师师是身段轻盈、细腰明眸的美人，宛如"神仙姐姐"一般清新淡雅的人物。在欧阳修的笔下，宋代美人可能显现得更为柔美娇艳一些："绿云双亸插金翘。年纪正妖娆。汉妃束素，小蛮垂柳，都占洛城腰"，这些描述均体现了宋美人在妆容、仪态、着装方面表现出来的纤弱精致之美。在南宋绘制的《歌乐图》中，画中歌舞乐女伎身材窈窕，正在排练宋代杂剧。她们均穿着红色窄袖外衣，头梳高髻，并簪有三朵花的发饰，外形突出三个角，远看像三个即将盛开的花苞。形象上，她们都削肩、平胸、柳腰，有种"出淤泥而不染"的清雅感，与唐代的雍容华贵全然不同。

钱选的《招凉仕女图》中，侍女身穿低胸衣、下身窄长裙，外套长褙子，使整个身形显得修长。右侧仕女头戴"重楼子"花冠。这种花冠据考证高至两尺。它以漆纱制成的冠还能隐约透露出里面的发髻，让人感觉轻盈精巧。左侧仕女头戴"玉兰花苞"花冠，像极了《瑶台步月图》中带团冠的贵妇，都因装束打扮显现出修长而文弱的姿态。手中的圆扇子被微风吹起，更凸显了女子"犹抱琵琶半遮面"的含蓄娇柔之美。

从唐代开始，受到佛教宝冠、道教莲花冠的影响（如《却坐图》所示），女子就喜欢在头上戴各种各样的冠子。《尘史》中记载："俄又编竹而为团者，涂之以绿，浸变而以角为之，谓之团冠。"也就是说，团冠最初以竹篾编成圆团形，涂上绿色，因其形状如团而得名。在宋代，凡是女子出仕，戴上冠饰才算体面。在南薰殿旧藏的《历代帝后图》中，有两幅宋仁宗皇后画像上的"龙凤花钗冠"十分耀眼夺目。《宋仁宗皇后像》中，冠饰上镶嵌着纷繁复杂的宝石珠翠，有龙凤、花树鸟雀、王母仙子形象，两侧还各装饰有三只帽翅，是一种相当华丽的"鼋肩冠"样式。"鼋"是下垂的意思，因四周冠饰下垂至肩而得名。在《宋仁宗后坐像》中，皇后头戴的龙凤花钗冠与交领大袖花锦袍相映成趣。皇后一双细长眉，眉上、鼻梁、下颌、脸颊、额头都染白，显得更加娇美。此外，她的鬓发、眉心、两颊笑靥处均贴有宋朝特有的珍珠花钿，显得更加华贵。

宋辽夏金元时期，无论男性还是女性，其服饰更趋于生活化和多样化，体态多展现出朴素典雅之美。这从不同时期出土的宋辽金元陶俑形象就可见一斑，其形体、比例、相貌、衣饰都表现得相当准确，俑的头身比例协调，注重衣纹的流畅、体肤的质感、面部的表情以及不同身份地位的服饰的区分，刻画细腻。例如元代陶俑造型各不相同，但以蒙古人和胡人的形象为主，且多身着元蒙服饰，体现出鲜明的民族特色，别具风采。

元代陶俑以规模宏大的出行仪仗俑为特色，还有男女侍俑、家畜动物陶塑等，反映出元代社会各类人物形象和生活面貌，内容丰富多彩。出行仪仗类陶俑主要由出行车马组合和仪仗俑两部分组成。车马组合包括骑马（驼）俑、牵马（驼）俑及车马组合等。骑马俑多为蒙古族骑兵的形象，头戴圆形军盔，盔上有长缨，身着右衽交领窄袖辫线袄，腰束革带，足穿络缝靴。发髻从中分开，双辫垂肩，有的腰挂长刀，有的背负箭囊，双臂甩起，呈骑马奔驰或行走状，展现出马背民族的飒爽英姿。西安南郊王世英墓出土了两件女性骑马俑，女骑俑作侧身执缰状，马头向前立于束腰长方形底座上，头顶鬃毛前垂，马尾下垂挽十字形结。骑马的女俑头戴圆形白色宽檐毡笠帽，帽顶红缨后垂。女子面部圆润，细眉凤眼，前额留刘海，脑后两侧各有一个下垂至肩的环髻。在众多的男性骑马俑中，这两件女骑马俑别具风采。

牵马（驼）俑由牵马者和马匹组合而成，牵马者多为头戴圆形帽的男俑，身穿长袍。陶马的形象并不高大，应该是吃苦耐劳、善战的蒙古马种的写照。马背上多负载着行囊，行囊以绳索捆实。有的牵马或牵驼俑为深目高鼻的胡人形象。陕西户县贺氏墓出土一件牵骆驼男俑，身着窄袖短袍，腰系宽带，后打结，足穿长筒高靴，挽后髻，髻上系带。还出土了一件胡人骑驼击鼓俑，胡人头戴尖顶帽，深目高鼻，满脸须髯；骑在骆驼上，手持鼓棒，双臂扬举，用力击鼓，形态生动。车马组合陶俑有一车一马和一车四马两种组合方式。

河南省焦作市靳德茂墓出土的元代彩绘车马仪仗陶俑队，声势浩大。这套车马仪仗队，由车马、武士、侍女等81件陶俑组成，陶俑高40厘米左右，多数施以彩绘。整个仪仗队呈方阵，人物的面容丰满，神情生动。驭车武士身形威武，两辆马车周围的仆人，手拿各种随行起居用品，姿态各异。男仆有的持伞，有的背凳，有的提盆，有的持巾；女仆有的提壶，有的背箱，有的拿梳妆用品。这些反映出蒙古族等草原民族的游牧巡行的风习。

男侍俑多身穿长袍，足着筒靴，手持各种物件。头梳婆焦不狼儿、单辫垂于脑后（或结环）、脑后短发披肩等发式，或头戴前檐帽、后檐帽、瓦楞帽、幞头、武弁、巾子等帽饰。女侍俑的造型多为侍立，有的笼袖，有的搭巾，有的捧盒，有的执物。女侍俑的发式有盘龙髻、双鬟髻、垂辫等样式。服饰大致有两种形制：一种是上身穿窄袖衣外罩半臂，下着长裙微露尖头履；另一种是上身穿左衽窄袖短衣，下着长裙微露尖头履。面部多圆润丰满，五官清秀，杏眼、小口。男女侍俑的服饰、发式、帽式皆体现了较为鲜明的蒙古族特点。

近年来，延安市各区县陆续出土了大量宋金时期的人物画像砖，画像砖上的人物形象生动、翩然起舞，展现出古人优美的体态特征。例如霸王鞭舞画像砖，出土于延安市宝塔区李渠镇。砖呈长方形，砖体较薄，人物为高浮雕。人物头戴无脚幞头，身穿无领右衽长袖长衫，下摆提起掖在腰间，穿宽腿裤，左手下甩，右手持鞭翻手上举，臀部向右扭动，正在做霸王鞭舞动作，形象生动逼真。霸王鞭传说与项羽有关。秦末，项羽与刘邦相约，先入咸阳者为王。后来，项羽一路过关斩将，所向披靡，每攻下一座城池，项羽便在马上挥舞马鞭，高歌起舞，士卒们也折木为鞭，共同欢庆胜利。这种欢庆胜利的即兴舞蹈形式，由军营传到民间，逐渐演变为一种传统舞蹈节目。因项羽自称西楚霸王，故称"霸王鞭"。

思考与练习

1. 简要阐释宋辽金元时期服饰的发展。

2. 你看过电视剧《知否知否，应是绿肥红瘦》吗？通过这部电视剧，你了解了哪些宋时的服饰特点？

3. 从服饰与体态的角度赏析《石勒听讲图》的艺术特征。

第七章　明清服饰与体态表达

【学习目标】

能够了解明清时期的服饰发展和服饰文化，能够模仿明清时期人们的穿着与人物体态。

【学习任务】

找一个自己喜欢的以明清时期为背景的电视剧中的人物形象，分析其服饰特点和体态后。

第一节　明清服饰发展

1368 年，明王朝建立后，朱元璋吸取元末农民起义的教训，对农民做出让步，采取了一系列措施，使社会经济很快得到恢复和发展。特别是由于政府大力提倡种植棉花，强制性地规定种植桑、麻及木棉等经济作物，推动了纺织生产。当时，江南地区的农村女子普遍参与纺织劳动，由此带动了棉纺织技术的发展和提高。明朝初年，松江（今上海市松江区）已成为出产棉布的中心，其布质精密细丽，畅销四方，直至清朝，一直享有"衣被天下"的美誉。明代中叶以后，棉布的使用范围越来越广，棉花和棉布已普遍成为人们制衣御寒的服装材料。以往人们所穿用旧丝麻絮装的缊袍，已为木棉装的胖袄所代替，过去人们所说的"布衣"

也由麻布转指棉布了。

明初，朱元璋极力加强中央集权，采取了种种措施加强全国的集中统一，服饰制度的制定是其中的一项。朱元璋一做皇帝，即实行他"复汉官之威仪"的主张，下诏将元代遗留的辫发、椎髻、深襜、胡帽，男子的裤褶窄袖及辫线腰褶，女子的窄袖短衣、裙裳等一律禁止。又上采周汉、下取唐宋，对服饰制度做了大的调整。这套服制先后用了 20 多年时间，直至洪武二十六年（1393）才基本定型。永乐、嘉靖时又作了些更改，使各项规定更加具体。

1644 年，清军进入关内，占领北京。在清王朝统治的二百余年中，政治、经济发生了前所未有的急剧变化，鸦片战争（1840）后，列强侵入，我国由封建社会沦为半殖民地半封建社会。复杂多变的社会环境，也给服饰以冲击和影响。从服饰的发展历史看，清代对传统服饰的变革最大，服饰的形制也最为庞杂繁缛。可以说，这是一次在特殊情况下进行的服饰大变革。这种在北方骑射民族生活习惯影响下形成的服装，成为有清一代服装的基调。在这期间，服装始终没有脱离满式冠服的基本风格。它一直影响到民国，甚至到现在。

清朝定鼎中原后，统治者深知作为一个少数民族，仅凭军事、政治优势，远远不能长久统治这个国家。要长治久安，还必须在文化及其他各个领域占有优势。清顺治二年（1645）下剃发令，限军民等旬日尽行剃发，并俱用满洲服饰，不许用汉制衣冠。从此，男子一改束发绾髻为削发垂辫，以箭衣小袖、深鞋紧袜取代了宽衣大袖与统袜浅鞋。

但从清代服饰中仍可看到对前代服饰某些方面的保留，如衮服、朝服的十二章纹；官服朝褂的补子；官员帽顶所用珠玉、珊瑚、宝石、金银的等差，以及以贵妇朝冠上所缀的金凤等数目多少区分等级的制度。可见，服饰的演变改革自有其延续性，可用之处自会保留，是难以完全摒弃的。清王朝后期，内忧外患迭起，为挽救王朝的没落，清末洋务派开展了洋务运动：训练军队，筹设海防，建立新式的海陆军，创办军事工业。为培养洋务人才，除在国内一些地方设同文馆等学馆外，还派遣学生出国学习。

自同治四年（1865年）开始，至光绪时期，先后几次选派学生至东洋、西洋学习军事技术知识。留学生到国外，就剪掉了辫子，开始穿西装。以后，清政府开办学堂，操练新军，采用了西式的操衣和军服。学生和军队的服饰也有了改变。

一、明清服饰特点

明初规定，庶人结婚可以借用九品官服，平时则服杂色盘领衣。男、女衣服不许用黄、玄色，不得僭用金绣、锦绮、纻丝、绫罗。靴不得制作花样，不得用金线装饰。饰物不得用金玉、珠翠。平民百姓的帽子不得用饰，帽珠只能用水晶，香木，不许用金玉等。农民可以穿绸、纱、绢、布，而商人只准用绢、布。对衣服的身长，袖的长、宽，都规定了尺寸。这些限制，至明代中后期，多已禁而不止了。

明代男子便服，一般用袍衫，形制虽然多样，但都未脱大襟、右衽、宽袖、下长过膝的特点。庶民百姓服装，一般是上身着衫袄，下身着裤子，裹以布裙。贵族人家男子的便服多用绸绢、织锦缎，上面绣有各种花纹。这些花纹大多含有吉祥的意思。常见的是在团云和蝙蝠间嵌一圆形"寿"字，蝙蝠的"蝠"与"福"谐音，有蝠有寿，取意"福寿绵长"。另有一些牡丹、莲花等变形夸张的图案，牡丹是"富贵之花"，一直被认为是繁荣昌盛、美好幸福的象征。莲花是我国人民喜爱的花，被视为"花之君子"。在这些花形间穿插一些枝叶、花苞，花样别致，含意喜庆、神圣，深受当时人们的喜爱。

儒士、生员、监生等读书人大多穿襕衫或直裰。明制规定，生员襕衫用玉色布绢制作，宽袖，沿有黑边，黑色软巾垂带。直裰是一种斜领大袖的长衫，因背之中缝直通下面，故名之。《儒林外史》中落魄的童生周进与发迹的王举人都是身穿直裰，不过一个是多处已磨破的旧"元色（黑色）绸"的，一个却是崭新"宝蓝缎"的。此外，还有穿曳撒、程子衣以及褡护、罩甲的。曳撒，也是明代的一种袍服，交领，大襟，长袖过手，上下衣相连，前面腰间有接缝，两边有摆，从两边起打褶裥，中间留有空隙，是士庶男子的一种便服。明代后期，士大夫宴会交际时也多穿用。程子衣，是明代文人儒士的日常服装，衣身较长，上下相连，腰间有接缝，缝下折有衣褶，袖宽大，斜领掩襟。褡护是一种比褂略长的短袖衣。罩甲有两种，一种对襟的，是骑马者的服装，一般军民步卒不准穿；另一种不对襟，士大夫都可穿用。

成化年间（1465—1487 年），京城时兴一种"马尾裙"。此裙始于朝鲜国。裙式蓬大，舒适美观。传入京师后，京师人多"买服之"。最初，能织做者很少，价钱昂贵，只在一些富商贵公子中流行。以后商家及贩售者增多，"于是无贵无贱，服者日盛"，至成化末年，连朝官亦"多服之者矣"。

清代，我国的纺织业技术已经非常发达了，因此清代人们的服饰特点也非常鲜明。由于清朝属于封建王朝，所以对于人们穿着的服饰都有非常严格的要求，不同身份地位的人穿着的服饰各不相同。

清朝的官员主要穿着长袍马褂，由于清朝是马上得天下，所以当时官员的袖口都被做成了"马蹄袖"，这种设计是以往历朝历代都没有的。官员的帽子分为暖帽和凉帽，而帽子后面部分插有长长的孔雀翎，也被称为"花翎"。官员头上戴的花翎也分不同的档次，花翎上的圆斑被称为"眼"，眼越多的人身份就越尊贵。清代的绣染技术以及各种手工都非常精湛，所以当时的服饰也更加精美。

平民男子主要穿着长袍和马褂，长袍的设计比较简约，下摆分为无开衩、两开衩和四开衩，通常皇室成员及贵族都会穿四面开衩的长袍，因为这样便于他们日常骑射。在清代，马褂受到了男子的喜爱，成为清代男子最具标志性的服饰之一，官员的马褂前后都会有补子，因此这种马褂也被称为"补褂"。

清代的女子服饰分为满、汉两种，汉族女子的服饰在雍正时期还保留着明代的款式，当时的汉族女子的服饰多为小袖衣配长裙，而到了乾隆时期之后，汉族女子的衣服开始逐渐发生变化，衣服的款式越来越肥大，袖口也变宽了，花样不断地翻新。满族女子多穿"旗装"和"花盆底"鞋，旗装也逐渐地演变成了后来的旗袍。

清代服饰图案精美，制作考究，服饰中的各种元素也被沿用至今。如今我们还在穿的旗袍，以及制作旗袍中的一些工艺，都是受清代服饰的启发。

二、明清服饰色彩

明代对于服饰颜色的规定不仅仅限制于男人，对女人的服饰颜色也有严格的规定，普通女子的衣服颜色不可以使用大红色、正黄色以及鸦青色，因为这些颜色多为皇家专用，普通女子不得僭用，以免混淆。而对于女子服饰的花纹图案也有严格的要求，通常这个时期的一些女子服饰是带有紫色花纹的粗布衣裳，平民妇女服饰上绝对不可以使用金绣的，金绣主要出现在皇家女子的服饰上。

清代处于我国古代服饰文化的鼎盛时期，当时的织造技术和染色技术已闻名于世了。清代的宫廷服饰也是历朝历代中色彩最为靓丽、色调最为高雅、色彩搭配最为和谐的，而且当时服饰的颜色被赋予了更多的政治寓意。清代更加注重服饰色彩蕴含的意义，黄色、红色、紫色、蓝色、绿色五种颜色为当时的五大色系，五种颜色代表着不同的身份，人们可以从穿着的衣服颜色来区分他人的地位。

清代初期，马褂是男子不可缺少的服饰之一，马褂的颜色也在不断变化，其颜色多采用天蓝色，到了乾隆时期马褂的颜色逐渐演变成了玫瑰紫色，清朝末期，马褂的颜色则变成了大红色或赤色，到了民国时期又开始流行浅灰色和浅驼色了。清代女子服饰的颜色也几经转变，从清代初期贵族女子穿绣有金色花纹的褐色袍，到乾隆年间女子服饰的颜色逐渐演变成了浅黄色，鞋子也变成了色彩鲜艳的绣花鞋。清代中期，女子的服饰多为蓝色衣服搭配紫色裙子，也有少数女子喜爱穿着浅红色的裙子搭配绣花的绿色衣服。到了清末，女子的服饰逐渐变得时髦起来，且相较于过去的传统服饰更加西方化。服饰的款式变得新颖，服饰的图案也变得更加华丽。

清代，人们已经掌握了调制颜色的方法，因此服饰的色彩要比其他朝代的服饰色彩更加丰富。每一个时代都会造就不同的服饰色彩，服饰的色彩不仅体现了当时人们的智慧，更重要的是为人类文明的发展奠定了基础。

三、明清服饰材料

明代十分重视社会经济的恢复和发展，随着农业生产中的经济作物品种的增多和种植面积的扩大，作为传统服饰原料的丝、麻不仅保持了旺盛的发展势头，而且在西汉时由中亚传入新疆地区的棉花，到这一时期已经在河南、山东、山西、陕西、江浙、湖广和福建等广大地区种植。另外，在畜牧业相对发达的西北地区，毛织品的产量也很可观。正是因为服饰原料来源增多，在纺织技术日益进步的基础上，服饰面料也越来越精细，品种也越来越多。例如制作技术十分讲究的丝绸衣料（其又包括缎类、绢类、罗类、纱类、改机、绒类、绫类、丝布、锦类等九类），细软、鲜艳的棉织品，质地精良的麻织品，以及深受官僚贵族喜爱的毛织品。

满族入关以后，随着社会性质、阶级结构和经济成分的变化，服饰材料随之发生了变化。由原来相对单一的皮毛和麻织品发展为以丝织品、棉织品为主，兼有麻织品和皮毛织品等。与前代相比，清代的丝织品有两个显著的特征：一是品种的大量增多，二是制作工艺的日益高超。

刺绣发展到清代，成为女子的必学技能之一，并形成了不同地方的风格。最著名的有苏绣、粤绣、蜀绣、湘绣、京绣等。苏绣以苏州为中心，特点可归纳为平、齐、细、密、匀、顺、和、光八个字，针法有四十三种之多。故宫所藏苏绣双面仕女屏，已展现出两面完美的效果。湘绣以长沙为中心，善于写实，生活气息浓郁。粤绣则在明代的基础之上，开始形成独特风格，用线多种多样，喜用金线，花纹繁缛，色彩华美艳丽。蜀绣以成都为中心，自然淳朴，富于民间艺术特色，多用于制作生活日用品。京绣主要为宫廷服务，做工精巧，风格富丽豪华，用料昂贵。此外，边疆少数民族的刺绣同样各具特色。

清代丝织业的专业化程度也很高。机匠中有织工、机工之分，其中织工又分为花缎工、素缎工、纱缎工、锦缎工等。织机等工具更加完善，有俗称"机壳"的织机及梭子、纤筒、竹刀、机剪、拣镊子等配件，另外还有"泛""渠""纤"等专用机具。丝织技术也更加高超，有的用十几把大梭同时织造，有的以一把大梭织底纹、十几把小梭织花纹，用十几种颜色织成等。

清代棉织业进入繁荣时期，棉织品不仅产量大，而且制作工艺也日趋发达。19世纪50年代前，全国近半数农户在织布，棉布约半数进入市场，数量约3.1亿匹，棉布产值仅次于粮食，是手工业中产值最大的部门。当时全国最大的棉织品产区是江南的苏松地区，此外，河北、山东、河南、广东等地棉织业也比较发达，江浙一带出产的标布和紫花布以"南京土布"之名闻名全国；松江有扣布、飞花布、斜纹布、三梭布、药斑布、紫花布、精细绫、漆纱等名品。史称当时江南"女子七八岁以上即能纺絮，十二三岁即能织布，一日之经营，尽足以供一人之用度而有余"。由于棉织成布后需要染色、踹光，故而染踹业应运而生。

在一定程度上说，清代麻织品几乎有被棉织品取代的趋势。人们除了用麻织品缝制蚊帐，棉织品无论是质感还是性能方面都优于麻织品。然而，在南方地区，由于传统麻织业的发达，麻的种植范围十分广泛，产量也很高，为了不使这些资源浪费，人们对麻纺技术进行了改造，具体表现在广东、福建等地将麻和棉、棉和丝进行混合交织，使织品"柔滑而白"，这样不仅使过剩的麻得到了有效利用，同时也使单纯的丝、棉织品更加坚牢耐用。

清代的毛织业与明代一样，主要集中在西北地区的兰州、西安等地。但是，在纺织技术方面也出现了某些新情况，即形成了不同特色的地方体系，同时，产量大幅度增加，从而使其毛织产品远销欧洲。比如新疆的毛织品轻盈疏软，织有中亚风格的细碎几何纹图案；西藏的毛织品色彩鲜艳，所用红花染料为他地所不及，所用羊毛纤维长、弹性好，用这种羊毛织成的氆氇，常作为制作袍、裙的衣料，手感坚实细密，色彩丰富，有条纹。甘肃、宁夏、内蒙古等地的毛纺织技术，既师承新疆、西藏的工艺技术，又汲取中原织锦、刺绣艺术的养分而别具一格。

四、明清服饰制度

服饰，作为身体外在的显著特征，早在春秋时期就已被认为是族群认同和区分的重要标志，并被纳入礼制的范畴，且在后世不断得以强化。

明朝，在中国历史的序列上，处于元朝和清朝之间，是一个相对特殊的朝代。元朝和清朝都由少数民族建立，而明朝可说是帝制时代最后一个由汉人建立并主导的大一统王朝。在服饰史上，元朝"近取金、宋，远法汉、唐"，同时"兼存国制"。这一制度袭自辽金，其时有国服、汉服之别。辽金虽重国服且行剃发（金有剃发政策，辽在服饰等方面有一定的汉化情况，且对剃发政策并非如金那样普遍推行），但不废汉人衣冠；元朝虽推行"剃发易服"，但对汉人衣冠在一定程度上也有所保留（如部分服饰款式等）。

明代是中国历史上一个璀璨的时代，其冠服制度更是从一个侧面生动诠释了大明王朝的政治、经济与文化，同时也反映了不同代际、地域之间的传承与创新。明朝初立，明太祖诏"复衣冠如唐制"，并下令"胡服、胡语、胡姓，一切禁止"。清朝定鼎中原后，强制汉人一律剃发易服。初看之下，元朝为一变，明朝是一变，清朝又是一变，三朝服饰看似截然不同，似无因袭。但实际上元代服饰影响明代既深且远，其影响还流及清代，并对朝鲜日本等国的服饰也产生了一定影响。

明初恢复汉唐传统，承袭了唐宋的幞头、圆领袍衫、玉带等服饰元素，奠定了明代官服的基本风貌，并制定了明确细致的服装仪制。

明代服饰制度严密周备，纺织技艺高度发达，服饰形制在不同时期呈现出明显变化，反映了明代社会的政治、经济、文化和审美等方面的特征。

清朝是中国古代服饰文化发展的重要阶段，服饰的等级制度逐渐变得更为严格。官员和百姓的服饰都有明确的等级和样式，服饰的质地、颜色、花纹等细节都有详细的规范，不得随意更改。这种等级制度在清朝得以延续，并进一步完善。同时，满族入主中原后，也带来了自己的服饰文化。清朝时期，满族的服饰文化逐渐与汉族服饰文化融合，形成了独特的满汉服饰风格。这一时期的服饰文化不仅反映了当时的社会风貌和历史文化背景，还成为中国历史文化遗产的重要组成部分。

（一）官服

明代官服恢复唐制，但比唐代的"品色衣"等级差别更加明显。这与朱元璋夺取政权后，逐渐背离农民立场，大力推崇儒家思想有关。官服中最高等级的冕服只限于皇帝、皇太子、亲王等皇室成员穿着。冕服用于祭祀或朝会等大典。明初冕服一如传统形制，洪武（1368—1398 年）年至嘉靖（1522—1566 年）年间曾有几次变更，只是在质料、花纹位置上作些调整。历次改变都使规定更加具体，制作也更为考究。明代冕服与前代稍有不同的地方：一是将原冕服下裳的前三后四改作连属一起如帷幕的式样；二是规定所绣日、月的直径为五寸；三是用黄玉作充耳；四是将古制的五彩玉旒改为七彩玉珠，又将火、华虫、宗彝绣在袖上，日、月、龙绣于两肩，星辰、山绣于后背等。皇太子在陪同皇帝祭祀天地、社稷、宗庙以及参加大朝会、受册等重大典礼时，也服衮冕，但较皇帝次一等，衮服用九章纹，冕为九旒，旒用九玉。世子衮冕又次一等，为七章、七旒。旒上所用珠玉的质料、色彩都稍有不同，以示区别。

清代官服制度，同样反映了清代社会政治制度的特点。清统治者是以骑射武力征服了腐朽的明王朝，要维持统治，巩固政权，就要不忘这一根本。反映在服饰的典章制度中，也是以"勿忘祖制"为戒。清太宗皇太极崇德二年（1637）就曾谕告诸王、贝勒："我国家以骑射为业，今若轻循汉人之俗，不亲弓矢，则武备何由而习乎？射猎者，演武之法；服制者，立国之经。嗣后凡出师、田猎，许服便服，其余悉令遵照国初定制，仍服朝衣。并欲使后世子孙勿轻变弃祖制。"（《清史稿·舆服志》）作为载入史册的清代官服定制，是乾隆皇帝所定，此时距清定都北京已近百年。直至清末，官服制度再无大的变动。这是一套极为详备、具体的规章，不许僭越违制，只准"依制着装"。上自皇帝、后妃，下至文武官员以及进士、举人等，均得按品级着装。清代官服中的礼冠，名目繁多，用于祭祀庆典的有朝冠，常朝礼见的有吉服冠，燕居时有常服冠，出行时有行冠，下雨时有雨冠等。每种冠制都分冬夏两种，冬天所戴之冠称"暖帽"，夏天所戴之冠叫"凉帽"。皇帝朝冠，冬天的暖帽用薰貂、黑狐皮。暖帽为圆形，帽顶穹起，帽檐反折向上，帽上缀红色帽纬，顶有三层，由四条金龙相承，饰有东珠、珍珠等。凉帽由玉草或藤竹丝编制而成，外裹黄色或白色绫罗，形如斗笠，帽前缀金佛，帽后缀舍林，也缀有红色帽纬，饰有东珠，帽顶与暖帽相同。皇子、亲王、镇国公等的朝冠，形制与皇帝的朝冠大体相似，仅帽顶层数及东珠等饰物数目依品级递减而已。皇帝的吉服冠，冬天用海龙、薰貂、紫貂皮，依不同时间佩戴。帽上亦缀红色帽缨，帽顶是满花金座，上衔一颗大珍珠。夏天的凉帽仍用玉草或藤竹丝编制而成，里衬为红纱绸，边缘镶石青片金，帽顶与冬天的吉服冠相同。常服冠的不同处在于帽顶为红绒结顶，俗称"算盘结"，不加梁，其余部分与吉服冠相同。行冠，冬季材质用黑狐皮或黑羊皮、青绒，其余部分如常服冠。夏季以织藤竹丝为帽身，里衬为红纱，边缘镶边。帽上缀朱氂，帽顶及梁均为黄色，前方缀有一颗珍珠。文武官员的朝冠式样大致相同，品级的区别：一是冬朝冠上所用毛皮的质料不同，二是更主要的区别在于冠顶镂花金座上的顶珠，以及顶珠下的翎枝不同。这就是清代官员用以显示身份地位的"顶戴花翎"。顶珠的质料、颜色依官员品级而不同：一品用红宝石，二品用珊瑚，三品用蓝宝石，四品用青金石，五品用水晶石，六品用砗磲（一种南海产的大贝，古称七宝之一），七品用素金，八品为镂花阴纹金顶，无饰，九品为镂花阳纹金顶。雍正八年（1730），更定官员冠顶制度，以颜色相近的玻璃代替了宝石。至乾隆以后，这些冠顶的顶珠基本上都用透明或不透明的玻璃，分别称作"亮顶""涅顶"。如，称一品为亮红顶，二品为涅红顶，三品为亮蓝顶，四品为涅蓝顶，五品为亮白顶，六品为涅白顶。至于七品的素金顶，也被黄铜代替。顶珠之下，有一支两寸长的翎管，用玉、翠或珐琅、花瓷制成，用以安插翎枝。翎有蓝翎、花翎之别。蓝翎由鹖羽制成，蓝色，羽长而无眼，较花翎等级低。花翎是带有"目晕"的孔雀翎。"目晕"俗称为"眼"，位于翎的尾端，有单眼、双眼、三眼之分，以翎眼多者为贵。顺治十八年（1661年）曾对花翎佩戴做出规定，即亲王、郡王、贝勒以及宗室等一律不许戴花翎，贝子以下可以戴。此后规定：贝子戴三眼花翎；国公、和硕额驸戴双眼花翎；内大臣，一、二、三、四等侍卫、前锋、护军各统领等均戴一眼花翎。

清代还有一种黄马褂，是受皇帝荣宠者的服装。巡行扈从大臣，如御前大臣、内大臣、内廷王大臣、侍卫什长，都例准穿黄马褂，黄马褂用黄色。清代皇帝对"黄马褂"格外重视，常以此赏赐勋臣及有军功的高级武将和统兵的文官，被赏赐者也视此为极大的荣耀。赏赐黄马褂也有"赏给黄马褂"与"赏穿黄马褂"之分。"赏给"是只限于赏赐的一件，"赏穿"则可按时自做服用，不限于赏赐的一件。

（二）男服

同历代的专制统治者一样，朱元璋在登上帝位后，强化了统治者的特权地位，这反映在百姓的服饰上则多有限制。明初规定，庶人结婚可以借用九品官服，平时则身着杂色盘领衣。男、女衣服不许用黄、玄色，不得僭用金绣、锦绮、纻丝、绫罗。靴不得制作花样，不得用金线装饰。饰物不得用金玉、珠翠。平民百姓的帽子不得用顶，帽珠只许用水晶、香木，不许用金玉等材质。农民可以穿绸、纱、绢、布制成的衣物，而商人只准用绢、布。对衣服的身长，袖的长、宽，均规定了尺寸。这些限制，至明代中后期，大多已禁而不止了。

明代男子便服，一般着袍衫，形制虽然多样，但都未脱大襟、右衽、宽袖、下长过膝的特点。庶民百姓的服装，一般是上身着衫袄，下身着裤子，外裹以布裙。贵族人家男子的便服多用绸绢、织锦缎制成，上面绣有各种花纹。这些花纹大多含有吉祥的寓意。常见的是在团云和蝙蝠间嵌一圆形"寿"字，蝙蝠的"蝠"与"福"谐音，有"蝠"有寿，取意"福寿绵长"。

儒士、生员、监生等读书人大多穿襕衫或直裰。明制规定，生员襕衫用玉色布绢制作，为宽袖形制，衣沿有黑边，搭配黑色软巾垂带。直裰是一种斜领大袖的长衫，因背之中缝直通下摆，故名。

明代一般人用的巾、帽，除采用前代式样外，还有新创制的款式，形制繁多。最常用的网巾，是一种用于系束发髻的网罩。它形似渔网，多由黑色细绳、马尾、综丝编织而成。网巾的巾口用布制作，旁边设有金属小圈，用以贯穿绳带，拉紧绳带即可网束头发。戴网巾是男子成年的一个标志。网巾一般衬在冠帽内，也可单独使用，露在外面。网巾在明代使用时间最长，直至明亡，才在清统治者的强制要求下被去除。另有儒巾和四方平定巾，为士人所戴。明初，朱元璋指令士庶"服四带巾"（《明史·舆服志》）。洪武三年（1370 年），四带巾改为四方平定巾，取其四方平定的吉祥之意。这是一种可以折叠的四方形便帽，由黑色纱罗制成。平顶巾是皂隶、公使等下层小吏戴的。软巾，也称"唐巾"，用软绢纱制作，有带缚在后面，垂于两旁，比较普及。此外，还有吏巾、汉巾、万字巾、诸葛巾等。帽类有棕结草帽、遮阳大帽、圆帽，以及衙门中执役人戴的红黑高帽等。

在明代，对鞋靴的穿着有着严格的限制。靴子作为公服的一部分，无论用皮、毡、缎、丝何种材料制作，都必须染成黑色，用木料、皮革或硬纸做成厚底，外涂白粉，所谓"粉底皂靴"即指此类靴子。教坊及御前供奉人、儒生可以穿皂靴，校尉、力士当值时可以穿皂靴，外出时则不许穿着。明代的锦衣卫一律穿白皮靴。洪武二十五年（1392年）重新规定，凡庶民、商贾、手艺人、步军、杂职人员等一律不许穿靴，只许穿皮扎（《明史·舆服志》）。北方寒冷地区的人们可以穿牛皮直缝靴，但靴上不许装饰，也不得染成黑色，以此与官靴相区别。在南方广东、福建等地，男女多穿木屐，有的还在木屐上绘制彩画，别具特色。

（三）贵妇冠服

明代贵妇的冠服，分礼服与常服两种。皇后的礼服用于受册、谒庙、朝会等大典。皇后于大典时所戴的冠称为"凤冠"。明代凤冠形制较宋代复杂。洪武三年（1370年）规定：皇后凤冠，圆框之外饰以翡翠，上饰九龙四凤，另加大小花各十二枝，冠旁各缀二博鬓（一种云形片饰，似下垂状的冠翅），用十二花钿。永乐三年（1405年）又有规定，凤冠的形制比原来更为华丽。今天我们能看到的明代凤冠实物是定陵出土的四顶。这些凤冠因存放在特制的朱漆箱中，所以保存完好。孝端皇后（万历皇帝朱翊钧的妻子）的一顶凤冠，冠上三龙二凤。冠圈以金板圈成椭圆形，上染红彩，周围是用晶亮珍珠和各色宝石嵌成的花朵。冠壳外，用翠鸟的碧蓝色羽毛贴出层层云海，上插三条立体的金龙。正中的一龙，昂首翘尾，口衔一串珍珠宝石制成的珠滴（类似下垂的璎珞），在彩云间奔腾，十分生动。冠的左右各有一龙，龙首伸向两侧，龙口衔一条由珍珠宝石串成的"挑排结"（似下垂的流苏），下坠金累丝嵌宝石花三朵，立于翠云之端，充满活力。冠壳外的朵云间还点缀着由八朵用珍珠和红、蓝宝石组成的大花朵，正面的主花上插有两只展翅飞翔的金丝凤凰，点明了凤冠的主题。冠后左右各垂博鬓三札，上面饰有珍珠、宝石和悬垂的璎珞。这六条尾翼使凤冠的外形显得丰满，更增添了美感。凤冠里面是漆竹丝做的圆锥，边缘镶有金制口圈。其他凤冠也大致如此，只是龙凤的数目不同。每顶凤冠上都镶有珍珠五千多颗、宝石一百多块。其中有一块宝石价值白银五六百两，据说当时有些宝石是从锡兰

（今斯里兰卡）、印度购进的。

礼服除凤冠外，尚有翟衣。翟衣为深青色，交领，大袖，织有翟纹，间以小圆花。领、袖、衣边等处镶有织金云龙纹。穿翟衣时内衬玉色纱中单，系与本服同等颜色花纹的蔽膝。还有玉革带、大带，青色袜、鞋，上面装有珍珠金饰。

皇后的常服除凤冠外，还有真红大袖衣、霞帔、红罗长裙、红褙子。永乐时，衣服改用黄色大衫，圆领，右衽，宽袖，前胸绣有龙纹。深青霞帔，上饰珠玉等各种饰物，另有褙子、鞠衣、缘裙等，颜色、质料、花纹等都有规定。

皇帝与后妃服装多用织绣。明代织锦是有名的工艺品。定陵出土的袍服及成匹织锦，图案极其美丽，虽在地下三百余年，出土时仍然金光闪闪。尤其是孝靖皇后用的一件罗制的百子衣，上绣双龙寿字，周身用金线绣松、竹、梅、石、桃、李、芭蕉、灵芝等八宝及各种花卉，儿啊有自下

明代对授有封号官员的祖母、母亲、妻子的服饰也有严格规定。命妇的礼服用于朝见君后、参与祭祀等大典，主要有礼冠。明制规定，除皇后、嫔妃外，其他人不得戴凤冠。内外命妇的礼冠形状虽同于凤冠，但冠上不得用凤凰。至明代中叶，这项规定已被打破。嘉靖时，权贵严嵩家就有凤冠十数顶，其装饰之富丽不亚于后妃冠。严嵩失势后，他的儿子严世蕃被杀，家产籍没，从他府邸中查抄出的珍珠五凤冠就有六顶，珍珠三凤冠有七顶。命妇礼服除礼冠外，还有霞帔、大袖衫、褙子等。礼冠上的珠翟及各种珠翠饰物，均依品级而增减。命妇礼服上的花纹是随同她们的丈夫或儿子所任官职品级而定的。

清朝女子服饰中的最高等级是皇后、皇太后，亲王、郡王福晋，贝勒及镇国公、辅国公夫人、公主、郡主等皇族贵妇，以及品官夫人等命妇的冠服。它与男服大体类似，只是冠饰略有不同。冠有朝冠、吉服冠，分冬、夏两种。皇太后、皇后朝冠，极其富

丽。冬用薰貂，夏用青绒，上缀红色帽纬，顶有三层，各层各贯一颗东珠，以金凤相承接，冠周缀七只金凤，各饰九颗东珠、一颗猫眼石、二十一颗珍珠。后饰一只金翟，翟尾垂珠，共有珍珠三百零二颗。中间一个金衔青金石结，末缀珊瑚。冠后护领垂两条明黄色条带，末端缀宝石。皇后以下的皇族女子及命妇的冠饰依次递减。嫔朝冠承以金翟，以青缎为带。皇子福晋以下将金凤改为金孔雀，也以数目多少及不同质量的珠宝区分等级。冠饰还有金约、耳环之类的饰物。金约是用来约发的，戴在冠下，这也是清代贵族女子特有的冠饰。金约是一个镂金圆箍，上面装饰云纹，并镶有东珠、珍珠、珊瑚、绿松石等。耳饰，按清制规定："左右各三，每具金龙衔一等东珠各二。"原来满族女子的传统习俗是一耳戴三钳，与汉族女子的一耳一坠不同。也就是说，满族女子小时即需在耳垂上扎三个小孔，戴三只耳环，一个小小的耳垂负担三只耳环，其苦可知。

（四）一般女服

明代一般女子的服装，基本沿袭唐、宋式样，恢复了汉族习俗，主要有袍衫、袄、霞帔、褙子、比甲、裙子等。按规定，民间女子只能用紫色，不能用金绣。如穿袍衫，只能用紫、绿、桃红及浅淡颜色，不能用大红、鸦青、黄色。士庶妻女所穿团衫，可以用纻丝、绫罗、绸绢，但都须为浅色。至明代后期，禁令废弛，民间富有者也穿红袍，甚至有穿百花袍的。褙子，是女子的常用服装，样式和宋代的相仿，以对襟为主，下长过膝，也可当作礼服穿用。比甲，是一种无领无袖的对襟马甲，较后来的马甲为长。另有一种水田衣，是用各色零星绸缎拼凑而成的，因各种色彩相互交错形同水田而得名，简单别致，深得当时女子的喜爱。它颇似僧人的"百衲衣"，至民国时期，民间孩童也有穿这种衣服以讨吉利的。女子服饰中上衣下裙仍占一定比例，其长短随时变易。弘治年间（1488—1505年）女子衣衫仅掩至裙腰；至正德时

（1506—1521 年）衣衫渐大，裙褶渐多；嘉靖时（1522—1566 年）衣衫长大垂至膝下，裙则短而褶少。此后，随着经济的发展，"代变风移，人皆志于尊崇富侈，不复知有明禁"。

女子一改过去衣着朴素的风格，竞相追逐鲜华绮丽。至明代晚期，裙子花样繁多，裙幅有增至十幅的。腰间褶裥也越密，有的每褶用一种颜色，五色俱有，但都颜色清淡，微风吹动，呈现出如皎月般的光泽，称作"月华裙"；还有用绸缎裁成宽窄不等的条子，每条上绣有花纹，周边镶以金线，再以裙腰联结各条，合并而成的"凤尾裙"，以及用整幅缎料折成的"百褶裙"。这种裙前面平展无褶，周围加有装饰花边，里面填以彩绣花纹，左右两边打细褶，最多的有一百五六十褶。另有一种"合欢裙"，与其他裙的不同之处是自后向前围合的。明代各时期都有不同的流行颜色。明初浅淡，明末多用月白加各种绣饰、花边。明代女子大多缠足，有的穿弓鞋。弓鞋是一种尖头鞋，鞋尖上翘如弓，普遍采用高底设计。有两种：一种平跟，鞋底用多层粗布缝纳而成；另一种为高跟，在鞋跟部分衬以木块，以香樟木为底。老年女子穿平底鞋。凤头鞋仍是女子的一种鞋式，鞋上或绣花，或缀明珠。

清代女子服饰有满、汉两种。满族女子一般穿长袍；汉族女子仍以上衣下裙为主。清中期以后，两者也相互仿效。满族女子的长袍，圆领、大襟，袖口宽大，长可掩足。外面往往加罩短的或长及腰间的坎肩。贵族女子的长袍多用团龙、团蟒的纹饰，一般女子的长袍则用丝绣花纹。袖端、衣襟、衣裾等镶有各色花绦或彩牙儿。满族女子旗袍还时兴"大挽袖"，袖长过手，在袖里的下半截，彩绣以各种与袖面绝不相同颜色的花纹，将它挽出来，以显示另一种风致和美观。领与袍分离是清代初期旗袍的又一特色。女子穿旗袍时也需戴领子。这是一条叠起约二寸宽的绸带子，围在脖上，一头掖在大襟里，一头垂下，如一条围巾。至同治、光绪时期，逐渐出现带领的袍、褂，甚至坎肩也有领子。领的高低也在不断变化。民国以后，已经没有不带领的袍、褂了。这种长袍以后演变为汉族女子的主要服装——旗袍。

满族女子的鞋极有特色。以木为底，鞋底极高，类似今日的高跟鞋，但高跟在鞋中部。一般高一二寸，以后有增至四五寸的，鞋底上下较宽，中间细圆，似一个花盆，故名"花盆底"。有的鞋底凿成马蹄形，故又称"马蹄底"。鞋面多为缎制，绣有花样，鞋底涂白粉，富贵人家女子还在鞋跟周围镶嵌宝石。这种鞋底极为坚固，往往鞋已破毁，而底仍可再用。新妇及年轻女子穿着较多，一般小姑娘至十三四岁时开始穿高底鞋。清代后期，着长袍、穿花盆底鞋已成为清宫中的礼服样式。

汉族女子的服装较男服变化少，一般穿披风、袄、裙。披风是外套，作用类似男褂，形制为对襟、大袖，下长及膝。披风装有低领，有的点缀着各式珠宝。里面为上袄下裙。裙子初期还保存明代遗风，有凤尾裙、月华裙等式样，以后随时代推移，裙式也不断发展，创制不少新式裙样，如一种"弹墨裙"，也叫"墨花裙"，是在浅色绸缎上用弹墨工艺印出黑色小花，色调素雅，很受女子喜爱。以后也有在裙上装饰飘带的，有在裙幅底下系小铃的，还有一种在裙下端绣满水纹的，裙子随人体行动，折闪有致，异常美观。同治年间（1862—1874年），时兴的"鱼鳞百褶裙"是对传统百褶裙的发展，即在裙子折裥之间用丝线交叉串联，裙子在展开时犹如鱼鳞一般，新颖多彩。裙、衫的长短搭配也时有变化。清初仍沿袭明嘉靖以来的遗风，上衣较长，裙子露出部分较短，不遮双足；晚清以后，衣与裙渐短，衣长至胯，裙在脚面以上；辛亥革命后，变化更大，尤其知识女子多着圆翘小袄，配以长褶裙，颜色协调，显得端庄大方，清秀淡雅。清代后期，南方又流行过不束裙而着长裤，裤子多为绸缎制作，上面绣有花纹。另外，还有背心，长可及膝下，多镶有绲边。冬季所穿皮衣，有的将里面的毳毛露在外面，叫"出锋"。清代中期以后，女子冬季流行披斗篷，还有采自西式的大衣，也有沿用明代云肩的情况。

清代女子服饰的一个重要特征，是大量使用花边。花边的使用在我国已有 2000 多年的历史，最初加在领口、袖口、衣襟、下摆等易磨损处，后来成为一种装饰而蔚然成风。清代后期，有的整件衣服用花边镶滚，多至数层。

清代衣服式样的变化极多。同治、光绪年间，男女衣服务尚宽大，袖宽至一尺有余。及经甲午战争、八国联军入侵，外患迭起，朝政变更，衣饰起居，多改革旧制。短袍窄袖，好为武装样式，且较为新奇，日益时兴。至清代后期，纺织、科技的进步促使服饰的用料及花纹也更为丰富多样。服装材料主要有绫、罗、锦、绸、绢、葛、衲纱、闪缎、羽纱、剪绒、细布等。颜色除明黄、金黄、香色一般人不能用外，天青色、玫瑰紫、深绛色、泥金、樱桃红、高粱红、浅粉、浅灰、棕色等都是一般人喜爱的颜色。花纹不仅造型优美，而且寓有深意。统治阶级专用的龙、蟒、凤、翟，威严而庄重。一般的福、禄、寿字，江山万代、富贵不断等图案，团鹤、团花、八宝、八吉祥以及宝盖、宝剑、蝙蝠、如意、万字纹、花篮、竹筒等图案，都寓有吉祥如意等美好祝愿。清代后期，还出现许多近于写实的花纹，如寿桃、喜鹊、云鹤、牡丹、佛手、石榴、梅、兰、竹、菊等，甚至山水亭榭的风景以及仕女人物也都被织成各种纹样，反映了战乱年代人们日趋求实的精神。

第二节　明清服饰文化

明清是中国古代服饰文化发展的重要阶段，服饰的等级制度逐渐严格。官员和百姓的服饰都有明确的等级和样式，服饰的质地、颜色、花纹等都有详细的规定，不得随意更改。这种等级制度在清朝得以延续，并进一步发展。

同时，满族入主中原后，也带来了自己的服饰文化。清朝时期，满族的服饰文化逐渐与汉族服饰文化融合，形成了独特的满汉服饰风格。这一时期的服饰文化不仅反映了当时的社会风貌和历史文化背景，也成了中国历史文化遗产的重要组成部分。

明初恢复汉唐传统，承袭了唐宋的幞头、圆领袍衫、玉带，奠定了明代官服的基本风貌，并制定了明确细致的服装仪制。

明代的祭祀之服仍为冕服，但明太祖认为，"此礼太繁。祭天地、宗庙服衮冕，社稷等祀服通天冠、绛纱袍，余不用"。也就是说，在祭祀天地、宗庙时，穿着衮冕；在祭祀社稷等时，穿着通天冠、绛纱袍；其余的祭祀场合就不需要使用这些特定的服饰了。

皇帝的常服在明初定为戴翼善冠（乌纱折上巾），着盘领袍，饰团龙纹。明英宗将衮冕服的十二章纹加于常服之上，成为皇帝视朝时通常穿着的礼服。此后，皇帝的常服就改称为"衮服"。最早明确提及十二章纹的是《尚书·益稷》，根据记载，舜帝制定礼服制度时，对大禹道："予欲观古人之象，日、月、星辰、山、龙、华虫，作会（绘）；宗彝、藻、火、粉米、黼黻绨绣，以五采彰施于五色作服，汝明。"

东汉时期，孝明皇帝确立章服制度，制定了详细的祭祀服饰及朝服制度："天子、三公、九卿、特进侯、侍祠侯，祀天地明堂，皆冠旒冕，衣裳玄上纁下。乘舆备文，日月星辰十二章，三公、诸侯用山龙九章，九卿以下用华虫七章，皆备五采。"

而带有十二章纹的冕服实物，最早存在于明代。作为帝王礼服的重要元素，十二章纹其实还有各自的象征意义。

日、月、星辰代表三光照耀，象征着帝王皇恩浩荡，普照四方。

山，代表稳重，象征帝王能治理四方水土。

龙，是一种神兽，变化多端，象征帝王善于审时度势地处理国家大事和教化人民。

华虫，通常为一只雉鸡，象征王者要"文采昭著"。

宗彝，是古代祭祀的一种器物，通常是一对，绣虎纹和蜼（一种长尾猿）纹，象征帝王忠、孝的美德。

藻，象征皇帝的品行冰清玉洁。

火，象征帝王处理政务光明磊落，火焰向上也有率土群黎向归上命之意。

粉米，就是白米，象征着皇帝给养着人民，安邦治国，重视农桑。

黼，为斧头形状，象征皇帝做事干练果敢。

黻，为两个己字相背，代表着帝王能明辨是非、知错就改的美德。

由此可见，冕服上的十二章纹象征着王者之德，体现君王治理天下所应具备的美德。

官员的官服则分为公服和常服。公服用于重大朝会时穿着，常服在日常办公时穿。二者最大的区别在于，公服戴展脚幞头，常服戴乌纱帽。乌纱帽类似宋代幞头，只不过外涂黑漆，帽翅圆、短、阔。

根据品级不同，官员的服装在颜色上也有差别，大致可分为：一品至四品，着绯袍（红色）；五品至七品，着青袍；八品、九品，着绿袍。常服还会在胸前及背后缀上补子，补子上的图案文官用禽、武官用兽，不同品级所用的鸟兽也不同，故常服又名补服。

除了公服和常服，皇帝还会赏赐官员赐服。明代隆重的赐服有蟒服、飞鱼服、斗牛服等，这几种纹样都与龙纹相近。有些官员在未达到高位官阶时，就被特许穿高出其品级的赐服。

明代政府重视农业，推广植棉，棉布得到普及，普通百姓的衣着也得到了改善。劳动者多着衣、裤，作短装。士人平日多着交领大袖长袍，又名道袍。

从明《南中繁盛图》可以看到，男子无论阶层都会戴帽子或头巾。明代士庶有时会戴"瓜皮帽"，这种帽子沿袭了元代瓜拉帽，由六块三角形罗帛拼合而成。不过，当时用"乌纱帽"代指官员，用"瓜皮帽"代指老百姓。

明代女子的服饰相对唐宋而言，整体变得更加简单。其中，冠是区分命妇等级的主要标志。皇后、皇太子妃戴凤冠，定制为九龙四凤，各衔珠滴，遍饰宝钿花，点翠地，左右各三博鬓，如孝端皇后凤冠。其他品阶命妇戴翟冠，翟也就是山鸡，不同品阶所用的头饰也各有不同。

明代已婚女子着正装时会戴鬏髻，鬏髻最早是一种发髻样式，后来特指罩在发髻上的发罩。起初是用发丝编成的，随着明中后期经济发展和社会风气奢靡化，人们流行用金银丝来编织。整套头饰以鬏髻为主体，再从孔中插入各类簪饰。

与宋代霞帔绕项而佩的方式不同，明代的霞帔是从背后下摆处，经肩绕到身前垂下，底端是合并的。为了保持平整，底端也会缀帔坠。

清朝推行剃发易服，按满族习俗统一男子服饰，废除汉族传统冕冠制度，华夏传统服制断档。

顺治二年（1645 年）颁布的《严行薙发谕》要求"官民俱依满洲服饰，不许用汉制衣冠"。薙发的推行毫不留情，民间有"留发不留头，留头不留发"之谚。从此，传统的冠、冕、衣裳被完全废除。满族服饰将汉民族服饰中包含的礼制思想，以吉祥纹样、色彩等元素融入其中，形成了独特的清代服饰文化。

清代的主要官定冠帽包括朝冠、常服冠、行服冠及雨冠。清代官员在朝服冠和吉服冠上有插翎之制，顶戴花翎象征高官显赫。因此，在清代前期，戴花翎的多为皇帝的满员亲贵或有功之臣，到了后期才普遍佩戴。翎也是有阶级划分的，分为花翎、蓝翎和染蓝翎，以花翎为尊；花翎又分为单眼、双眼和三眼，以三眼为尊。

剃发易服也改变了明代以传统冕服为祭祀之服的制度，改用清式衮服。皇帝穿衮服，皇子穿龙褂。其中，衮服是套在皇帝朝袍外的外褂，石青色，圆领、平袖口，绣有龙纹，左右肩分别饰日月两章。皇子所穿的龙褂在此基础上减去日月两章，其余形制相同。

衮服和龙褂的补子为圆形，供皇族所用。一般官员则穿补服，补子为方形，面积比明代补服的小。所用图案沿袭明制，文官用禽，武官用兽，但明代补子图案有两只禽鸟，清代只有一只。

清代的礼服除衮服外，还有朝服等。朝服上下身相连，腰间有襞积，下裳有褶。皇帝朝服上饰正龙、行龙，间绣五色云，下幅绣八宝平水。早期对于朝服所绣的纹样没有严格要求，朝服绣十二章纹的规定到乾隆时期才明确。

在一些重大的吉庆节日、筵宴及一些礼仪场合的辅助阶段，皇帝会穿用吉服。吉服包括吉服褂和吉服袍等。其中，吉服袍绣龙纹，通称龙袍，其形制为圆领、大襟右衽、马蹄袖、直身。清代官员所获的赐服也算吉服的一种，但不比明代的种类多样，清代只有蟒袍，也叫"花衣"，以所绣蟒的数量、爪数以及服色来区分等级。

在清代服饰中，马蹄袖的出现频率很高。它是满族服饰的独特元素，作用一般有两种：一是挽起便于骑马射箭，二是放下便于天冷保暖。

此外，由于满族兴起于北方较寒冷的地区，他们还有穿皮衣的风俗。用裘皮做的对襟长褂，与朝袍套穿时叫"端罩"，与吉服（龙袍、蟒袍）套穿时叫"皮褂"。这种裘皮衣在当时极为尊贵，皇帝的端罩用紫貂，亲王用青狐，文三品、武二品以上用貂皮，低品官员则不能穿着。

清代皇帝及官员着朝服、吉服时均须挂朝珠。一盘朝珠共

108颗，每27颗之间穿一大珠，名"佛头"，又叫"分珠"。朝珠两侧附小珠三串，每串十粒，名"记念"，男用者两串在左，女用者两串在右。顶端的佛头下缀"佛头塔"，塔下垂一椭圆形玉片，因位于背后，名"背云"，底端系"坠角"。

由于清代"男降女不降"，因此汉族女子的服饰遵循中原旧制，满族女子的服饰则别具特色。

清代皇太后、皇后的朝冠也分冬、夏两式，朝冠和吉服冠形制大体与皇帝朝冠及吉服冠相近。清代八旗贵妇着吉服或便服时均可戴钿子，一般用金属丝缠黑线编成骨架，前高后低，扣住发髻，再用簪钗固定，其上缀以珠翠花饰。根据装饰繁简的不同，又分成凤钿、满钿与半钿。

清代后妃便服中最华丽的是衬衣、氅衣，它们是圆领、右衽、直身、袖口平直的长衣。衬衣不开衩，氅衣开衩。早期便服装饰少，纹样简单，越到后期就越复杂。满族女子在穿着便服时，常外罩坎肩，坎肩长度齐腰，坎肩变化多样，有对襟、大襟、琵琶襟、人字襟、一字襟五种。

汉族女子缠足，但满族女子不缠足。她们一般穿绣花鞋，其次是厚底鞋，厚底鞋的底是用木头制成的，厚度为正常底的2～3倍。除此之外还有高底鞋，根据鞋底形状不同，可以分为花盆底、元宝底、马蹄底等款式。

"绣罗衣裳照暮春，蹙金孔雀银麒麟。"这是杜甫笔下华服美裳的独有气韵。从旧石器时代华夏族穿衣配饰，到清代废除华夏服制，每个朝代都有自己的服饰制度和特定的礼仪要求，每个朝代的服饰也都有丰富的文化内涵和独特的美学思想。

历经五千年，中国传统服饰不断发展演变。我们看见了诸如帔这样的服饰元素，从平民百姓皆可穿佩变为贵族专用；我们也感受到了服饰等级的逐渐明确，感知到从颜色、纹样当中折射出来的级别差异。我们欣赏从先秦传承至后世的礼制，深切体会其在中华传统文化当中的魅力；我们也发现了多民族文化融合之下那些新鲜的服饰元素，感慨盛世的包容与繁华。

第三节　明清服饰体态

明清服饰相对唐宋服饰而言，整体变得更加简洁。明清服饰的款式与汉服和唐装相比，更加注重线条的精细与优美，尤其是女性服饰更强调曲线美和婀娜多姿的风格。此外，男性和女性的服饰分别注重不同的细节处理，如男性注重衣襟、袖口、领子、口袋等，而女性则注重袖口、衣襟、裙边等部位的花鸟、山水、人物等图案和刺绣。明清服饰的色彩相对于汉服和唐装更加单调，以黑、白、灰、蓝、绿等深色系为主，反映了明清社会的严谨和封闭。在材料方面，明清服饰主要采用绸缎、绢布、棉麻等，同时在衣料上注重细腻的织纹和质地，以及不同材质的组合搭配。与汉服和唐装相比，明清服饰更注重规范化和制度化。明代开始实行"服制"，规定官员等不同身份的人必须穿戴特定的服饰，以体现等级和身份的差异。在清朝，更是进一步加强了服饰规定，使得官方和民间的服饰制度化程度更高。

一、明清时期的发型与体态表达

作为人体最为醒目的部位，头部造型及其装饰一向为古人所看重。它不仅是别等威、显贵贱的重要标志，也是个体形象美的重要展现，是人类艺术史上的华美篇章。古代女子以其细腻的情感和丰富的想象力，营造了一个光彩夺目、精彩纷呈的女性头部世界。这不仅展现和抒发着女性独特的审美情趣和精神诉求，也昭示和彰显着不同时期的历史风貌和时代气质：先秦的礼制秩序、两汉的巍峨壮丽、魏晋的自由奔放、隋唐的雍容华贵、两宋的清丽淡雅、明清的精致华美，无不通过女性的头部造型得以一一体现。

明初女子发式基本保持宋、元时期的式样。嘉靖以后，花样日多。这一时期的女子发髻有梳成扁圆形、顶部簪宝石花朵的"挑心髻"；有将汉代堕马髻稍作变动，将侧垂髻梳成后垂状的发髻；也有将发向上梳起，以金银丝绾结，顶上装点珠翠如纱帽般的高髻。另有一种牡丹头，是将头发梳至顶部，用发箍或丝带扎紧，再分成几股，每股向上卷至顶心，再用发簪绾住，梳成的发式蓬松如牡丹，故名"牡丹头"。与此梳法相似，只是变换卷发形式的还有"荷花头""芙蓉头"等发髻。当时的苏州乡村有一首山歌唱道："南山脚下一缸油，姊妹两个合梳头。大个梳做盘龙髻，小个梳做羊兰头。"这足见当时髻式名堂之多。此外，还有一种假髻，戴时罩在发髻上，用簪挽住。到明末，发式更加繁多，有"罗汉髻""懒梳头""双飞燕"等发髻。

当时女子盛行戴珠箍。珠箍是以彩色丝带串起珍珠，悬挂在额部，是明代女子发上的特殊装饰。珠箍原是富贵人家女子的饰物，在一般女子中也流行开来。年轻女子还有戴头箍的风尚。式样、用料不一，冬季多用毡、绒等，制成中间窄、两头宽的形状，外表覆以绸缎，加以彩绣，考究的还要缀以珠宝，两端有扣，用时绕在额上，扣在后面。因有御寒作用，又称"暖额"。富贵人家女子，冬天用水獭、狐、貂等兽皮制成的暖额，围在额上如兔蹲伏，故又名为"卧兔"。明、清小说中多有这种描写。头箍样式时有变化，开始较宽，后来变窄，到清初时只有一条窄边，系于额眉之上。另外，还有将梳篦插于发际作为装点的情况。由于手工艺的进步，加工更趋精良，一种以金缧丝工艺装饰花纹的梳子深受当时女子喜爱。用鲜花绕髻，也是明代女子的时兴装饰。鲜花亮丽、清香，女子将其簪于发际，起坐、行走时，都给人以神清气爽之感，这确是当时女子的一个聪明的装饰手段。

满族女子的发式变化较多，孩童时期与男孩相差无几。《红楼梦》描述了贾母八旬大寿时的排场，"邢夫人、王夫人带领尤氏、凤姐并族中几个媳妇，两溜雁翅，站在贾母身后侍立……台下一色十二个未留发的小丫头，都是小厮打扮，垂手伺候"。这些留头的小丫头就是男装打扮的女孩子。女孩成年后，方才蓄发，挽小抓髻于额前，或梳一条辫子垂于脑后。已婚女子多绾髻，有绾至头顶的大盘头、额前起鬏的鬏头，还有架子头。"两把头"是满族女子的典型发式。这种发式使脖颈挺直，不得随意扭动，以此显得端庄稳重。梳这种发髻者多为上层女子。一般满族女子多梳如意头，即在头顶左右横梳两个平髻，似如意横于脑后。劳动女性只简单地将头发绾至顶心盘髻了事。以后受汉髻影响，有的将发髻梳成扁平状，俗称"一字头"。清末，这种发髻越来越高，有如牌楼，名"大拉翅"。

清初，汉族女子的发髻、首饰大体沿用明代式样，以后变化逐渐增多。清中叶，汉族女子模仿满族宫女发式，以高髻为尚，将头发分为两把，俗称"叉子头"。又有的女子在脑后垂下一绺头发，修成两个尖角，名为"燕尾式"。后来还流行过圆髻、平髻、如意髻等式样。此外，还有许多假髻。明清妇女戴假发之风虽不及前代，但假发仍然很有市场。明代妇女普遍流行戴"鬏髻"，它也是明代已婚女性的一种身份标志。鬏髻又称"发鼓"，一般用马尾、人发或金银丝等材料编成，呈中空的网状圆锥体，使用时将其扣在头顶，罩住由真发结成的发髻，尺寸一般不大。清代满族妇女的旗头，如两把头、大拉翅都需要填充假发加以造型。汉族妇女的头饰中也普遍使用假发。清朝初年流行的"牡丹头"，因垫的假发太多，重到令人"不可举首"的地步。明清时，南方的扬州、苏州及杭州都是全国的假发中心，仅扬州一带就有风韵雅致的蝴蝶、望月、花篮、罗汉鬏、双飞燕等多种假发样式。清末又有苏州撅、巴巴头、连环髻、麻花等式样。年轻女孩多梳蚌珠头，或左右空心如两翅样的发式，只梳一条辫子垂于脑后。后来梳辫渐渐普及，成为中青年女子的主要发式。至于头饰，北方女子冬季多用"昭君套"，它是用貂皮制作覆于额上的。《红楼梦》中写刘姥姥见到"那凤姐家常带（戴）着紫貂昭君套，围着那攒珠勒子"就是这种打扮。江南一带还时兴戴勒子，其上缀珠翠，或绣花朵，套于额上掩及耳间。髻上饰物还有簪，用金、银、珠玉、翡翠等制作。有的簪做成凤形而下垂珠翠，有如古代的步摇；有的簪做成各种花形，行走时轻微摇动，华丽而动人。

二、明清时期的服饰与体态表达

总的来说，明清服饰华美庄重，将女性柔弱纤美的体态和飘逸灵动的身姿展现得淋漓尽致。

下面我们以明清时期的特殊礼服霞帔、明清特色服饰马面裙以及清朝花盆底鞋为例，来了解明清时期女性的服饰与体态美。

明代诗人李蓘描绘宫廷景象，作《嘉靖宫词八首·其一》曰："霞帔星冠赤锦绦，玉熙宫里荐仙桃。天王亲捧瑶函拜，五色龙光生衮袍。"可见，霞帔作为明清时期女性礼服，象征着宫廷王室至高的身份地位，体现了锦衣华服的衣冠文化，在中华服饰文明中占据重要一席。

霞帔是中国古代妇女的帔服，南北朝时就已出现，隋唐时盛行。因用鲜艳的五彩锦绣制成，故称"霞帔"。形状是有前无后，像两条彩练绕过头颈披挂于妇女胸前，下垂金玉坠子。宋代以后，霞帔定为妇女的正式礼服，随品级高低有不同的装饰。明代亦将其作为命妇礼服。《格致镜原》中称："今命妇衣外以织文一幅，前后如其衣长，中分而前两开之，在肩背之间，谓之霞帔。"明代命妇的霞帔在用色和图案纹饰上都有规定，品级的差别主要表现在纹饰上。一、二品命妇霞帔为蹙金绣云霞翟纹，三、四品为金绣云霞孔雀纹，五品绣云霞鸳鸯纹，六、七品绣云霞练鹊纹，八、九品绣缠枝花纹。《事物纪原》云："霞帔非恩赐不得服，为妇人之命服。"

清代命妇礼服承袭明代礼服制度，仍使用凤冠霞帔。但清代霞帔的形制发生了变化，其衣身放宽，增加了衣领和后片，前后两片并不缝合，用系带联结在一起。它阔如背心，下摆为两个三角形，缀有五彩流苏作为垂缘。清代霞帔衣身前后缝缀补子，类似百官的补服。《清稗类钞》载："品官之补服，文武命妇受封者亦得用之，各从其夫或子之品，以分等级。惟武官之母妻亦用鸟，意谓巾帼不必尚武也。"可见，霞帔上的补子能够显示穿着者的身份，补子的品位代表其丈夫或儿子的官职。霞帔上的补子，较百官补子略小，且全部是鸟纹，没有兽纹，即便丈夫为武官，命妇也穿用鸟纹补子。补子上的纹样与品官相同，即一品仙鹤，二品锦鸡，三品孔雀，四品云雁，五品白鹇，六品鹭鸶，七品鸂鶒，八品鹌鹑，九品练雀。

除了补子上的纹样代表穿着者品级，清代霞帔上通常还可见其他禽鸟纹样，常可见凤凰、仙鹤、孔雀、鹌鹑、练雀等，仅作为装饰纹样，不象征身份地位。腰间可见两条行龙相对，龙纹之间饰以火珠，取"金龙戏珠"之意。下摆处饰以海水江崖，还有寿桃、荷花、灵芝、牡丹、蝙蝠等杂宝纹样散落其间，皆有吉祥寓意。

霞帔不仅作为命妇的佩饰，也在婚俗中使用。《清稗类钞》载："沿至本朝，汉族妇女亦仍以此为重，固非朝廷所特许也。然亦仅于新婚及殓时用之……结婚日，新郎或已有为品官者，固服本朝之礼服矣。而新妇于合卺时，必用凤冠霞帔，至次日，始改朝珠补服。其说有二：一以凤冠霞帔，表示其为嫡妻也；一以本朝定鼎相传有男降女不降之说也。"这里详细介绍了清代人们在婚俗中是如何使用霞帔，以及霞帔在礼俗中所占的地位。即便平民女子，在出嫁时亦可以穿着霞帔。按照华夏礼仪，大礼可摄胜，即祭礼、婚礼等场合可向上越级穿着，不算僭越。

　　"凤冠霞帔"作为封建社会荣华富贵的象征，在文学作品中亦多有表现。例如，《红楼梦》中写道："日后兰哥还有大出息，大嫂子还要带（戴）凤冠穿霞帔呢。"霞帔常与"凤冠"配套使用，同时搭配汉式女龙袍和马面裙，在清代画像中多有表现。

　　"斜髻红绡飘彩艳，高簪珠翠显光辉。""虹裳霞帔步摇冠，钿璎珞累累佩珊珊。"璎珞垂旒、玉带蟒袍、百花裥裙、大红绣鞋，一身凤冠霞帔赋予了明清女性高贵的气质，将其自身的端庄典雅毫无保留地呈现了出来。

　　除了凤冠霞帔外，马面裙也深受明清人士喜爱。"马面"一词，最早出现在《明宫史》中："曳撒，其制后襟不断，而两傍有摆，前襟两截，而下有马面褶，从两傍起。"马面裙的历史可以追溯到宋代，它的雏形源自宋代旋裙，即两片式围合裙。而多幅拼接的一片式围合裙，则至少可以上溯到殷商时期。宋代的裙子便已具有马面裙的马面形制了。旋裙是宋代女子为方便骑驴而设计的一种功能性的"开胯之裙"。孟晖在《开衩之裙》中道："此类宋裙乃是由两片面积相等，彼此独立的裙裾合成，做裙时，两扇裙片被部分地叠合在一起，再缝连到裙腰上。"一些出土的文物也有马面裙的蛛丝马迹，如山西晋祠彩陶中的一尊宋代侍女像上就有马面裙的影子。马面裙在明清时期最为流行。明代成化年间，京城人士都喜欢着马面裙。上至一国之母下至黎民百姓，人人皆穿马面裙。但不同的阶级，马面裙的质地、装饰和色彩都有着严格的区别。这时还并无"马面裙"之名，裙式简单且未定型，色彩秀丽，整体给人清新淡雅的感觉。明朝的马面裙较为简洁，马面褶大且疏，为活褶，转动起来宛若月华，所以又被称作"月华裙"。明代马面裙往往装饰有裙襕（裙底以及膝盖位置饰以各种纹样的宽边，称为"襕"），纹饰多样且寓意丰富。

　　清代马面裙继续流行，并且进行了一些改进和创新。这一时期，马面裙的基本形制不变，但身侧的褶在明代简单大对褶的基础上发展并衍生出几种新的复杂的形式。首先，马面裙的裙裥变得越来越细、越来越密，因此被称为"百裥裙"。其次，明代的"活裥"逐渐演变为"死裥"，即裙裥的上部以一定的方式缝住固定以保证不走形，下部则不缝合以方便活动。有的百裥裙的裙裥用线以一定的规律间隔缝合，呈现鱼鳞状，称为"鱼鳞百裥裙"。这种形制的马面裙如果采用缎面材料制作，穿上走动时会有波光粼粼之感，美不胜收。

马面裙的裙摆一般比较修长，显得人整体端庄大气，可以衬托女性高挑的腰身，也可以塑造其优越的上下比例；同时，马面裙两侧有褶，立体的打褶设计也非常精致耐看，中间光滑，垂坠感极佳，裙摆宽广，随着步伐摇曳生姿，如画中仙子般飘逸，将女子的秀美婉约与大方稳重完美呈现。

明清时期，除了具有代表性的服饰，为体现女性婀娜体态，中间高出数寸、中微细、下端作马形的花盆底鞋不得不揭　清朝时期，花盆底鞋成为一种特别流行的女性穿着，也被认为是能够展现女性之美的一种鞋子。清朝以前的女性鞋履多以垫高底为主，以增加身高和体态的婀娜优雅。然而，随着时间的推移，发展到了清朝，这样的鞋子以一种更加独特方式出现了。那就是我们在电视剧中看到的花盆底鞋。花盆底鞋得名于其特殊的鞋底形状，其外观形似花盆，具有一个突出的凹陷中心。这种设计使得女性在穿着时，脚部的重量主要集中在中心位置，给人一种小巧玲珑的错觉，需要收腹挺胸、步履缓慢才能正常行走。因此，花盆底鞋成为女性柔美和温婉的象征，与"两把头"搭配，可以使女子姿态看起来更加优雅。然而，与花盆底鞋相伴而来的，是清代女性裹小脚的习俗。据高洪兴《缠足史》考证，缠足之风始于北宋后期，兴起于南宋。元代的缠足继续向纤小的方向发展，明清时期缠足进入鼎盛期。"三寸金莲"成了对女性美的基本要求。裹小脚是一种非常残酷的习俗，要求女性将脚部束缚在狭小的鞋履中，以使其脚掌尽可能地变小。这种做法，源于封建社会对女性美的特定标准，认为只有拥有小巧的脚，才能被视为优雅和高贵的象征。

在清朝时期，花盆底鞋不仅仅是一种穿着，鞋的高低还代表着穿鞋者的身份地位和社会等级。根据鞋底的高度，花盆底鞋可以分为高底和低底两种类型。这些花盆底鞋底部较为高耸，使穿鞋者显得更加高雅和高贵。高底花盆底鞋通常是精心制作的艺术品，鞋面可能装饰有精致的刺绣、织锦、金线和珠饰，展现出富丽堂皇的华贵气息。只有地位显赫的贵族和具备特殊身份的人，才有资格穿着高底花盆底鞋，以显示其社会地位和权威。相比之下，低底花盆底鞋更多地被普通人所穿，也就是地位比较低的嫔妃。低底花盆底鞋的设计，注重实用性和舒适度，更适合日常生活中的活动。这种鞋的设计，可能也是考虑到一些地位比较低的嫔妃，会做很多的劳动工作。因此，花盆底鞋的高低，不仅仅是一种鞋履设计，更是清代社会中阶级和身份的象征。

思考与练习

1. 简要阐释明清时期服饰的发展。

2. 你看过《甄嬛传》吗？请分析清朝贵妇服饰的特点。

3. 清朝女性的鞋子有什么特点？其与女性的体态有什么关系？

第八章　近现代服饰与体态表达

【学习目标】

能够了解近现代服饰发展与服饰文化，知道文明新装与改良旗袍。

【学习任务】

模仿自己喜欢的以改革开放为背景的电影中的人物形象，分析其服饰特点和体态描。

第一节　近现代服饰发展

纵观我国服装发展的历史，可概括出古典期、突破期和近现代期三大历史时期。古典期包括夏商周、秦汉、魏晋南北朝、隋、唐、宋、明朝，突破期主要指清朝，近现代期是指辛亥革命至 20世纪末。

一、近现代服饰特点

19 世纪中后期，开埠与洋务兴办使西方文化对中国百姓日常生活产生了巨大影响。20 世纪初，满汉民族愈加融合，中式传统服饰发展更新，清朝服饰基本形制仍然有所保留。长袍马褂、军装、西服，以及各种中西合璧的款式新旧交织、并存。

20 世纪初，中国社会生活与风尚在西方文化影响下产生变化。西式服饰被视作追求新思想、新文化的外化符号。20 世纪 20 年代出现的旗袍也被认为蕴含了男女平等的思想。洋服、西装的盛行影响了中国传统服装行业，西式生活方式也影响了更多中国百姓的日常生活。

每逢重大革命或是战争过后，服装样式往往会返璞归真。1949 年以后，整个社会处于百废待兴的阶段。艰苦朴素、艰苦奋斗成为整个社会共同遵循的时代精神。人们克勤克俭，各行各业开展增产节约运动，服饰的风格整体趋于简单朴素。

20 世纪 50 年代以来，民众服饰的变化反映不同时期的审美情趣与时尚追求，民众服饰经历了从数量短缺、颜色单一、款式保守到供需充足、色彩缤纷、注重质量与品牌的变化过程，时尚现代的同时不乏民族特色。

中华人民共和国成立初期，民众衣着观念新旧交替，民国色彩和革命色彩浓厚，城乡差别大。城市中多流行中山装和旗袍。农村因物质条件有限，依旧多为颜色单调的粗布麻衣。

20 世纪 50 至 70 年代，女性列宁装、连衣裙、工装裤，男士中山装、解放装、海魂衫等成为主打服饰。20 世纪 60 年代，年轻人中间掀起一阵军装热。50 年代末开始，民众的购衣方式主要是通过数量有限的布票购买布料、成品服饰和日用纺织品，地点以国营的百货商店为主。服饰主要讲求耐穿、耐脏。"新三年，旧三年，缝缝补补又三年"是这一时期民众衣着的真实写照。衣服以灰、黑、蓝、绿等几种有限的颜色为主。一般家庭条件的人，冬夏就一套衣服，冬天套棉衣，夏天改单衣，小孩子捡哥哥、姐姐的衣服穿是常事。

1978 年，改革开放的春风拂来，人民生活水平不断提高，精神与风貌的转变直接体现于服饰的多样化与个性化趋势，人们可以根据场合自由选择适合自己又心仪的服饰。20 世纪 80 年代，

"的确良"闯入民众生活，该面料塑形挺实，不易褪色、变皱，颜色鲜艳，耐洗耐穿。拥有一件的确良衣服，成为当时许多民众的衣着追求。20世纪80年代中期，全国刮起一阵西服热，公职人员、公司职员、文人墨客、工厂工人等都在穿。女性则有腰间进行收褶处理、贴合女性身形线条的西服等。随着各地改革开放的推进，民众的眼界逐渐打开，思想不断解放，展现女性魅力的喇叭裤、红裙子、健美裤、蝙蝠衫、棒针衫等受到年轻人的青睐，粉、红、蓝、黄等鲜艳色彩日益流行。服饰上鲜明的对比色让民众的衣着活泼起来。的确良更加普遍，呢子、尼龙、羽绒、毛等面料进入市场。男性服饰出现夹克、风衣、衬衣等款式。服装个性化拉开序幕，民众的衣着展现着现代气息。

1985年，电影《红衣少女》深受欢迎，电影中的女主角像街上其他女孩一样穿上了时髦的红裙子。这在一定程度上体现了主流媒体对鲜艳服饰的一种认可。东华大学艺术学教授卞向阳在《中国近现代海派服装史》中提道："尤其是1972年后，上海民众先是在衣领、袖口露出鲜艳的颜色，用土法将刘海烫得弯曲，并巧妙地将发辫编得十分蓬松；在公园里，她们会脱下外衣，穿着鲜艳的毛衣拍照……"

20世纪90年代，人们可选的衣服面料更加多样，种类更加丰富，款式更加新颖。脚蹬裤、牛仔裤、休闲裤、文化衫、针织衣等出现并快速普及。民众服饰的主色调为独具中国风的红、黄、靛蓝。颜色多以点、线、面、块等方式呈现，颜色混搭夺人眼球，不断彰显着民众对时尚的追求。

21世纪以来，服饰颜色七彩缤纷，面料应有尽有，各种时装秀登上舞台。民众对服饰的追求不再满足于保暖，而是追求舒适与美观。丝、棉、麻、葛等天然材质备受青睐，仿皮草、雪纺等具有一定环保特性的材料开始出现。服饰出现多元融合，如连衣裙融合独具中国味道的旗袍特色，在喇叭裤夸张设计的基础上，衍生出哈伦裤、高腰裤、萝卜裤等。超前大胆的超短裙、露脐装挑战着部分民众的审美。

在新时代，随着中国综合实力和国际地位的提升，民众的眼界不断开阔，穿衣注重品位和搭配，购衣讲究环境和服务。一周中每天的衣服穿搭不重样成为很多上班族的标配。

二、近现代服饰制度、色彩与材料

在人类漫长的文明史上，服饰始终承担着双重功能：它既是维持人类生存的必要条件，也是精神审美、社会文化的重要载体。从一个社会服饰风尚的演进过程中，可以看出该社会包容程度的变化。

（一）民国时期服饰制度、色彩与材料

民国服饰作为中国服饰的重要代表，受社会风俗及进步思潮等因素的影响，在服制、色彩、面料等方面相较于之前的时代更具有自主性和多样性。

在民国成立前，人们对于服制的改革就已经有所尝试。清末维新派人士认为服制的改革是社会改革的重要象征，这一观点为民国时期的服饰变革创造了前提条件。民国初期，为推动服饰变革，国民政府先后颁布了三次服制条例和多次职业制服条例，这些服制相比于封建时期大相径庭，在削弱强权政治的同时平添民主色彩。

1912年，国民政府颁布第一部服制法令《服制》，对男女礼服作出了相关规定，其中女子礼服为传统袄裙。这一系列举措使服装在制度上逐渐告别了等级制度并开始走向平等。

1929年，民国政府颁发了《服制条例》，对男女礼服及公务员制服作出规定：其中女子礼服有蓝色长袍与上衣下裙两种。女公务员制服为不限颜色的长袍。政府规定的服饰主要以中式为主，而且款式相比之前也更加简洁和多元，说明其考虑到了社会的变化和民众的生活。

1939 年，国民政府颁布了《修正服制条例草案》，对男女礼服、公务员制服和常服作出规定。女子礼服分为大礼服和常礼服，女公务员服为长袍，女子常服为长袍、衫裙和衫裤三种。

这一系列的服制条例意在给予公众更多服饰选择自由。除了服制条例，国内外的战争也对服饰样式有所影响，尤其是随着抗日战争的爆发，尚处混乱与危机的民众更多偏向选择朴素便利的服饰。

民国时期，西方国家试图抢占中国市场，在中国投资设厂并低价销售西方的面料和时装等。这在一定程度上加速了中国服装的西化，影响着服饰发展进程。

新兴行业的萌芽与发展也带动了市场和经济。首先，由于消费需求增大，服装行业迎来发展的高峰。各地的服装公司和工厂纷纷兴起，单是上海就有数十家服装公司，这些服装公司在推动经济发展的同时，其精美的服饰也在一定程度上引导了大众服饰审美的趋向。此外，其他产业，如电影、大众传媒等行业的发展也促进了国民消费进而带动经济发展，并且民众开始从电影或杂志等地方模仿和学习服饰穿搭，对于服饰的影响也不容小觑。

20 世纪三四十年代，抗日战争和解放战争相继爆发，民族工商业濒临崩溃，民族经济开始走下坡路。在政府的倡导下，人们多将钱财用于抗战，对于服饰的需求减少，穿着以简便为主。

随着西方的思想文化逐渐传入我国，其服饰观念对我国服饰变革产生了巨大影响，给当时正处于迷茫期的国民展示了一种新的生活方式和潮流文化，对于民国时期服饰变革起到了关键性作用。

五四运动、新文化运动等将人们的思想一步步向前推进，促使各种女性运动也开展起来，女性的解放逐渐由身体、思想过渡到了服饰。其中，"天足运动"和"天乳运动"是比较有代表性的女性运动。主要呼吁人们尊重自然的足部与胸部，不使用外力强行改变，促进了对女性身体的解放，也为服饰的多样性创造了先行条件。比如解放足部后，女性的鞋饰选择更加丰富。另外，女性运动的开展也在一定程度上使女性具备接受新式服饰的思想条件，并且敢于表达自己的看法，这也是服饰发展的一大助力。

随着社会的发展，人们的审美也在不断发生变化，而审美的改变对于服饰的变迁起决定性的作用。

民国初期，刚刚经历过社会变迁的民众，其服饰审美处于较为保守的状态，因此他们的穿着主要是传统服饰。

20 年代开始，以女学生为代表的进步女性开始趋向简便实用的审美心理，社会中其他女性也纷纷效仿，证明审美心理开始有所转变；20 世纪 30 年代左右，女性地位不断上升，越来越多的女性认同和崇尚自然健康的美，促进了服饰审美的形成。20 世纪 40 年代，战争频发，祸乱不断，人们对于服饰的要求趋向于朴素和耐穿，此时的审美心理使得当时的女性服饰带有不少"中性化"的色彩。

民国时期，女性的地位逐渐上升并开始走出家门、走向社会，不再依附于男性且渐渐拥有了自我意识，因而她们的生活观念也随之改变。民国时期，很多女性走出"闺房"，开启了属于自己的生活：她们接受教育、参加工作、出席各类社交活动、积极投身政治工作等。不同的身份使女性获得了更多的学识和见识，同时加大了她们对于服饰的需求。另外，民国时期很多女性在服饰方面的花销占据整体花销的一大部分，说明其消费观有所改变，并且开始有享乐的生活观念。

民国时期女性服饰主要分为两节制服饰、上下连属制服饰以及一些西式服饰的形制。两节制服饰是我国古代女子服饰的基本形制之一，即上下分裁，令女性的行动十分不便。但是在民国时期做出了一定的改变。

民国初期延续了清末时期平面、宽大、不显露身材的袄裙女装，此时还没有将人体作为优先考虑对象。1919 年，随着"新文化运动"的掀起，女性的思想得到解放，两节制服饰发展逐渐到达顶峰。女学生们穿着窄而长的高领袄衫上衣，下身为黑色长裙，通身几乎没有装饰。此服饰贴合人体而且更加轻盈，兼具便利性和舒适性，因此在社会其他女性群体中也颇受欢迎。之后为了追求美观和舒适，在款式上衍生出多种形制，如上衣衣长缩短至小腹位置，在方便活动的同时也从视觉上改善了人体比例。领高降低使脖子减少束缚，更加方便活动且不会闷热。出现多种领型，如马鞍领、水滴领、方领甚至无领等，展示出不同的服装风格，其中方领较为庄重，水滴领则更显风情。袖口加宽呈喇叭状，名为"倒大袖"。袖长也有缩减，在活动时增加了手臂的灵活性，同时露出手臂肌肤增加美观性等。此外，民国之后的女性活动增多，便于行动的上衣下饰也逐渐流行起来。

上下连属制服饰以改良旗袍为主要代表。旗袍最初是旗袍马甲，也就是加长马甲搭配短袄，而后逐渐合为一体，其形制同样以较为宽大的平面造型为主。合为一件式的旗袍相比于之前的穿着方式更加方便，已经初显以人为本的理念。

自 20 世纪 20 年代中期起，旗袍开始流行起来并逐渐改良。其轮廓由 A 型逐渐转为 H 型并且收腰的趋势明显，说明人体的曲线受到重视，人与衣服的关系已经转向衣服服务于人。在之后的发展中，旗袍的领高、下摆及袖长等随着潮流而变化，但最终都朝着更便于人体活动的款式发展。比如曾流行过下摆覆盖脚面的"扫地旗袍"，但后来因其不便行走和不卫生等问题而被主流淘汰。左右开衩的形式也在旗袍变为 H 型后成为其明显特征之一，这种设计不仅方便腿部活动，还体现出中国女性若隐若现的美。之前的平裁服饰穿在身上时，腋下会形成许多褶，影响肩部的舒适度，但 20 世纪 40 年代，服装逐渐从连肩袖过渡为装袖，出现了肩缝、肩斜，更加贴合人体正常形态。

同时，省道的利用也是根据人体的凹凸面而增加的一种服饰结构元素。自此，西方的立体裁剪方式开始对我国服饰产生深远影响。在西方文化的强烈冲击下，西式服装进入人们视野并被视为潮流。

其中较为常见的西式女装有大衣、连衣裙、运动服和内衣等。民国时期的大衣在外形结构上以长款居多，分季节穿着。西式大衣穿脱方便、形式多样且保暖，兼具实用性和美观性。

当时，连衣裙多为收腰无袖，长度至小腿，其立体的裁剪使穿着者行动更加自如，并且相比于中国服饰的款式也更为大胆和多样，所以受到追捧。

西方运动服多为短袖短裤，穿着时对身体没有束缚，所以被国人广泛采用。西式内衣尊重胸部自然生长并且有一定的支撑和保护作用，该形制根据女性自然生理特征设计，契合了民国时期对于服饰的追求与需求，深受女性的喜爱。

自民国开始，服饰色彩不再受政治制度控制，人们对于服饰颜色的选择趋于多样化。国民政府出台的服制规定中，只有部分条例对礼服做出了服色规定，证明服饰色彩在制度上的自由化趋势。另外，受新潮思想的影响，色彩自由化还体现在观念里。从前，中国女性婚服颜色选择多以红色为主，到民国后期越来越多的女性选择西式白色礼服，由此可见中国固有的传统观念对于人们的影响逐渐弱化；传统中绿色是低下的颜色，但因其清凉的视觉效果，在民国时期多用于夏季服饰中，证明民国时期的服饰颜色选择会以喜好为先。服色的自由化使人们开始结合自身条件与所处环境来选择服饰颜色，如年龄小的人比年龄大的人更适合鲜艳的颜色，体型偏瘦的人比体型偏胖的人更适合浅色、冷色系或浅色系更适合炎热的夏天等。

（二）中华人民共和国成立以来的服饰制度、色彩与材料

中华人民共和国成立初期，民间的衣着仍很朴素，城镇居民大多穿卡其布料服装，色彩以蓝色为主。青年妇女尚天蓝色，俗称"摩登蓝"。山区农民仍有穿自制土布的。城镇青年穿"列宁装""青年装"，不仅是一种服装的时尚，更代表了一种革命的姿态。乡村和山区仍以传统款式对襟中装为主。20 世纪 50 年代中期，一度流行大印花苏联花布，许多男青年亦穿花布衣衫。20 世纪 50 至 60 年代，农村中有两句俗语，"新三年，旧三年，缝缝补补又三年""新阿大，旧阿二，破阿三"，这是当时生活和服装穿着的写照。20 世纪 70 年代初，开始流行国产灯芯绒。新娘常以大红灯芯绒做婚服。20 世纪 70 年代中期，社会上出现了"喇叭裤"。这种裤子裤腰稍窄，裤脚很大，状如喇叭，在当时被认为是"奇装异服"，在社会上一度引起争议。20 世纪 70 年代末，尼龙、涤纶面料的服装风行城乡，中山装所受到人们的欢迎，尤其受到男性青年青睐。女性青年的服饰从款式、面料到色彩都丰富多了。20 世纪 80 年代，夹克衫、T 恤衫、大衣、旗袍、休闲服、西装等相继流行。女性中开始流行褶裙、喇叭裙，到 20 世纪末，年轻女子间风靡吊带衫，西装成为民间常见的衣着，高档西装则成为社交场合的礼服。

改革开放之初，中国人的服装色彩与款式十分单调，大家都是千篇一律的绿军装、灰色中山装、蓝色解放装。人与人在外形上的差别，常常湮灭在宽宽大大、色彩相近的服装之中，乍看之下，仿佛所有人显得都一样。这一方面是因为当时物资紧缺，商品供应匮乏，"新三年，旧三年，缝缝补补又三年"所体现的是人们的穿衣习惯。另一方面，这种服饰上的统一，也反映着当时的社会文化。当时的社会，集体主义与艰苦奋斗氛围浓厚，强调集体利益。因此，那种标榜个性、明媚艳丽的服饰，在那个时代并不被社会主流思想所认可。

到了 20 世纪七八十年代，人们对新生活充满干劲，这种干劲反映在服饰上，"的确良"这种现在看来略显土气、也并不舒适的化纤面料，却引领了当时社会鲜亮、挺括的服装风潮。随着改革开放的推进，人们的眼界逐渐打开，思想也逐渐解放，中国人的"爱美之心"仿佛重新被发掘了出来。原先不被认可的鲜艳明亮色也逐渐为社会主流所接受和追捧。

1983 年，通行了 30 年的布票被废止，棉纺织品、化纤制品的种类样式越来越多。缝纫机成为人们结婚时的"三大件"之一，纺织品有了充足的供应。

1984 年，一部名为《街上流行红裙子》的电影，让红裙子在 80 年代受到年轻女性的青睐，随着各种花型、颜色的长裙不断面世，中国街头突然流动起了色彩。而对当时的男青年来说，头顶爆炸头、架着蛤蟆镜、松垮的蝙蝠衫或花衬衫解开几个扣子，喇叭裤拖着地，尖头皮鞋嗒嗒作响，则成了 80 年代最时髦的扮相。

20 世纪 90 年代，时尚风潮一夜吹起。年轻人纷纷将追求"个性"作为自己的服饰指导原则。不仅服装上有了更多"奇怪"的选择，染发、佩戴耳钉、文身等配饰亚文化也开始兴起。同时，受我国港台地区娱乐文化的影响，女孩子们身上的衣服也越来越短，她们越来越敢于并乐于展示自己的身体。社会也逐渐接受这样的服饰，曾经的"有伤风化"逐渐变成了如今的"以之为美"。

近年来，人们的服饰观念更加开放和多元。如果说之前的时代，还存在某种较为统一的"潮流"的话，那么进入 21 世纪后，人们的审美中已经罕有这种一概而论的服饰风尚了。在热闹的大街上举目四望，既有色彩浓烈的香艳范儿，也有北欧系的冷淡风，既有西装革履的英伦范儿，也有活力十足的嘻哈运动风。

人们对时尚的追求越来越个性化，不再随波逐流。随着信息技术的发达、网络购物的便利，各种自主搭配、私人定制的服装悄然兴起。彼此不同的风格之间，也能做到各美其美、美人之美。

这是因为更加发达的经济让人们拥有更多的消费选择，更为分散的互联网信息环境，也让人们培养出更加独立的审美旨趣。在互相碰撞中，不同声音之间也逐渐学会了尊重和包容。

第二节 近现代服饰文化

服饰的变化不仅仅是时尚潮流的直观表现，更是社会经济、文化、思想多方面作用的结果。近现代，从呆板保守的旗装到大胆开放的旗袍，百年历史里中国服饰文化体现出社会思想一步步地在改变和解放。从晚清到民国，从中华人民共和国成立到改革开放政策的实施，一百多年光阴里，中国服饰的变化反映出整个中国社会的服饰文化从禁锢保守走向开放自由，这背后折射出的是中国社会经历的巨大变革与发展。

民国时期，"学生装"和"旗袍"体现了中西文化交融的时代特色。民国时期，女性教育得到迅速发展，女学生数量大大增多。相应地，女性的学生装成为当时女性服饰的潮流。女性学生装在当时又被称为"文明新装"。上穿浅蓝色圆领小摆袄，下着长及膝盖的黑色素裙，穿上白色步袜，开始露出女性的小腿线条。20世纪20年代，直接展示女性身材曲线的服装"旗袍"诞生。不同于以往的宽大上下两装式的旗装长衫，修身的旗袍直接展示女性的身材，体现女性的身材曲线美。"学生装"和"旗袍"都是中西服饰元素交融碰撞的潮流产品。

中华人民共和国成立后，丰富多彩的服饰体现出开放自由的社会服饰文化。男女性服饰样式更加丰富，花样翻新更多，例如，女性旗袍的设计更加注重修饰女性身材，出现高领、开叉等新服饰款式。改革开放后，女性服饰的革新变化更加明显。更加修身的旗袍款式、腿部开衩的服装设计、复杂精致的花钮盘扣配饰、更加丰富时尚的颜色搭配，都更加大胆地衬托和展示着女性之美。

（一）文明新装与改良旗袍

以 1840 年爆发的鸦片战争为标志，中国进入了近代社会。欧美列强的坚船利炮打开了这个东方古国的大门，随之带来了西方的生活方式和价值观念。在服饰方面，最为明显的变化是由出国留学人员推动的剪辫易服，特别是在中华民国建立之初发布了《剪辫令》，中国男人从此摆脱了令他们感到屈辱的沉重的辫子。而着装方面前所未有的变化是从代表着文明、进步潮流的各种新式服装开始的。

民国时期，沿袭下来的清代服饰受到欧美时尚的影响，样式和品种逐渐发生了变化。中上层社会的男士除着长袍、马褂、布鞋，戴瓜皮帽外，也穿中山装、西服、皮鞋，戴礼帽。一般民众着土布长衫（以蓝、灰为主）、土白布短衫裤、棉长袍、棉滚身短袄、棉背心、大裆收腰裤等。中上层社会的女士小姐穿各种面料的旗袍、西式连衣裙及高跟鞋，戴金银玉翠等珠宝首饰；下层女性则以穿花布中式衣褂、绣花鞋为主。

男装在清代日常装长袍马褂的基础上，演变出了新的款式和搭配。马褂对襟、窄袖，长至腹部，前襟钉纽扣五粒。长衫一般是大襟右衽，长至踝上两寸，在左右两侧的下摆处开有一尺左右的小衩，袖长与马褂齐平。穿着时，长衫外罩马甲，下配西裤，头戴西式礼帽、白色围巾，脚着锃亮皮鞋。这种中西合璧的穿着方式是民国初期中国中上层男子的典型装束。而完全的西装革履则被视为一种大胆的新派作风。

民国初年，许多青年学生到日本学习，带回了日本的学生装。这种沿用了西式服装三片身和袖身分开剪裁的服装式样，给人朝气蓬勃、庄重文雅之感。它一般不用翻领，只有一条窄而低的立领，不系领带、领结。在衣服的正面下方左右各有一个暗袋，左侧的胸前还有一只外贴兜袋。这种学生装不仅深受广大进步青年的喜欢，还衍生出了典型的现代中式男装——中山装。中山装的特殊之处在于对衣领和衣袋的设计。高矮适中的立领外加一条反领，效果如同西装衬衣的硬领；上衣前襟缝制了上下四个明袋，下面的两个明袋经压褶处理成"琴袋"式样，以便放入更多物品，衣袋上再加上软盖，袋内的物品就不易丢失。与之相配的裤子前襟开缝，用暗纽，左右各插入一大暗袋，而在腰前设一小暗袋（表袋）；右后臀部挖一暗袋，用软盖。这种由孙中山倡导并率先穿着的男装，较之西装更为实用，也更符合中国人的审美习惯和生活习惯，虽然采用了西式的剪裁、西式的面料和色彩，却体现了中装对称、庄重、内敛的气质。自1923年诞生以来，中山装便成为中国男子通行的经典正式装。

随着第一次世界大战的爆发，西方女权主义运动开始发展，妇女不再甘心做男人的附属品和家庭的牺牲品，不少妇女尝试从事一直是男人在做的工作，开始穿长裤、剪短发。这股风潮与席卷中国的"新文化运动"合流，女性在追求科学、民主、自由风气的影响下，纷纷走出家庭，接受高等教育，谋求经济独立，追求恋爱婚姻自由。留洋女学生和中国本土的教会学校女学生率先穿起了"文明新装"：上衣多为腰身窄小的大襟衫袄，衣长不过臀，袖短及肘或是喇叭形的露腕七分袖，衣摆多为圆弧形，略有纹饰；与之相配的裙，初为黑色长裙，裙长及踝，后渐缩至小腿上部。这种简洁、朴素的装扮成为20世纪一二十年代最时髦的女性着装形象。而对西方审美眼光的推崇，也影响到了中国女性整体形象的重塑。欧美的化妆品、饰品进入中国市场，美白皮肤、养护头发、向上卷翘眼睫毛、涂抹深色眼影、剪掉长发、烫发，以及佩戴一朵香奈儿式的茶花或一条长长的绕颈珍珠项链、拎一只皮毛质地的手提包、脚穿丝袜和高跟鞋……构成了时髦女性的日常形象。而今天的人们津津乐道的旗袍也是在这个时期不断改良，成为一种现代意义的时装。

所谓"旗袍"，即旗人之袍，而"旗人"，在清代是对编入八旗之人的统称（不仅仅是满族人，还包括蒙古族、汉族等）。旗袍原本腰身平直，而且很长。1921 年，上海一批女中学生率先穿起了长袍。初兴的式样是一种蓝布旗袍，袍身宽松，廓形平直，袍长及踝，领、襟、摆等处不施镶滚，袖口微喇，整体看上去严冷方正。这种式样的服装一经走上街头，就引起了城市女性的极大兴趣，她们竞相仿效。此后的旗袍不断受到时代潮流的影响，在长度、腰身、衣领、袍袖上多有变化。

20 世纪 20 年代中期，旗袍的袍身和袖子有所缩短，腋下也略显腰身，但袍上面仍有刺绣纹饰。20 年代末期，袍衣长度大幅度缩短，由原来的衣长掩足发展到衣长及踝，进而缩至小腿中部。腰身更加收紧，大腿两侧的开衩也明显升高。20 世纪 30 年代以后，改良旗袍的变化称得上日新月异。先是时兴高领，待高到双颊时，转而以低领为时髦；低到不能再低时，又突兀地将领子加高以显示时尚。袖子也是这样，长时可以遮住手腕，短时至小臂中部，继而露出肘部，至上臂中部，后索性去掉袖子。下摆也是忽而长可曳地，忽而短至膝上。除了两侧，有的旗袍开衩还被设计在前襟，并使下摆呈现弧形。在面料的选择上，除传统的提花锦缎外，还增加了棉布、麻、丝绸等更加轻薄的品种，采用印花图案，色调以素雅为美，领、袖、襟等部位也用镶滚，却并不烦琐。中国传统的服饰形象并不突出腰身，但随着 20 世纪女性服饰追求身体曲线美的倾向越来越鲜明，旗袍成了展现女性优美身材最理想的装束。

（二）工农装与军便服

1949 年，中华人民共和国成立，此时的服饰和着装方式也发生了很大的变化。在一些沿海城市，部分市民受西方着装习俗的影响，盛行西装革履、旗袍和高跟皮鞋；而大部分的城市的居民依然穿着传统的长袍马褂。这时，虽然没有明文规定，但很多人认为，无论是西式服装还是旗袍、长袍马褂，都是旧时代的糟粕，遭到了工农群众的摒弃，人与人之间的礼仪举止也由鞠躬作揖改为握手、敬礼。工农的着装样式——背带式的工装裤、圆顶有前檐的工作帽、胶底布鞋和白羊肚毛巾裹头、毡帽头儿或草帽、中式短袄和肥裤、方口黑布面布底鞋等成了新风尚的代表。即使偶有改进，也不过是把劳动布上衣做成小敞领、带有贴口袋的样式。城市妇女则在蓝、灰外衣里穿上各色花布棉袄。喜庆节日里，陕北大秧歌中，舞者将大红色、嫩绿色绸带拦腰一系，两手各执一根绸带头，绸带随舞步飘动起来的形象风行全国。

于是，在着装方面出现了明显的整齐划一的趋势，一些典型服式的普及程度十分惊人。如列宁服与花布棉袄就能够代表这种情况。20世纪五六十年代，中苏关系密切，中国也出现了男人戴鸭舌帽——苏联人的工作帽，女人着"列宁服"的现象。所谓"列宁服"，是一种西服领、双排扣、斜纹布的上衣；有的加一条同色布腰带，双襟中下方均有一个斜口袋。穿上这种衣服，款式新颖又显得思想进步，于是，其成为当时政府机关女工作人员的典型服式。

花布棉袄也是工农装的一个标志。它本来是中国女性最普遍的冬装，历史也很长了，但在20世纪50年代，花布棉袄的穿着方式则带有意识变革的痕迹。用鲜艳（多有红色）的小花布做成的棉袄，原来主要是少女及幼女的冬服，成年妇女多以质料不同的绸缎面料做棉袄面，城乡贫穷人家妇女则用素色棉布；可是由于当时具有传统特色的绸缎面料不被人们认可，所以职业女性和女学生就摒弃了缎面，而采用花布来做棉衣，以显示与工农的接近。

穿小棉袄时，为了不失进步形象，同时防止弄脏棉衣而需频繁拆洗，一般都外穿一件单层的罩衣。20世纪50年代时，尚未走出家门参加工作的女性所穿罩衣也大多是对襟疙瘩襻，中老年妇女则依旧是大襟式样式。而绝大部分女机关工作人员、女工人和女学生都用"列宁服"做罩衣。20世纪60年代中期以后，随着中苏关系的变化，女性不再穿"列宁服"，而改穿"迎宾服"，这是一种翻领五扣上衣，与当时男人穿的中山服近似，只有领式和口袋上的变化。这种"迎宾服"，在20世纪60年代中期至70年代中期的十余年间非常普遍；此后才逐渐被淘汰，但在中老年妇女中一直穿用到90年代中后期。

无论样式如何变化，那些罩住花布棉袄的外套大多为蓝、灰两色，少数为褐、黑色，且无杂色拼接。女人天性爱美，长期穿灰暗衣服难免感到压抑，所以，常将花棉袄有意无意做得比外罩长一点，这样就使得立领、袖口，特别是衣服下摆处隐约露出鲜艳的花色。尽管这样容易弄脏棉袄的局部，可是很多人都热衷于这种穿着方式，使之成了一种时尚。

中国人口多，什么服饰一旦流行开来，势头都十分惊人。谁能想到，在20世纪60年代，占世界总人口四分之一的中国人会以军服为民服呢？

中国人民解放军军服虽说属于西式军服范畴，但在具体形制上，却尽量避免受欧美军服的影响，而偏向于苏联军服风格。20世纪50年代，陆军军官戴大盖帽、士兵戴船形帽，军服的领式、武装带系扎样式等都明显带有苏式军服的特征。海军则是较为标准的国际型样式，军官戴大盖帽，冬天着藏蓝色军服，夏天戴白帽，穿白上衣、蓝裤；士兵戴无檐大盖帽，帽后有两条黑色缎带，白上衣加蓝条的披领，裤子为蓝色，扎在上衣外，配褐色牛皮带。因为这种国际通行的水兵服非常好看，所以童装中曾长时间模仿，制作时只是将大盖帽做成软顶无檐帽，把帽子一周的"中国人民海军"字样改为"中国人民小海军"字样，并泛称"海军服"。而陆军、空军的其他军服，普通百姓并不穿用。

1965年，全国人大常委会决定取消军衔制，相应的变化是军人着装不分官兵一律头戴圆顶有前檐的解放帽，帽前放一枚金属质红五星，上身穿有制服领、五个纽扣的上衣，领子两端缝缀着犹如两面红旗的长方形红色领章，没有军衔标志，也不佩肩章或臂章。官兵在服装上的区别仅限于面料和口袋，正排级及以上的军官用毛绦料，前襟上下共四个口袋；副排级及以下的士兵用的是棉布料，只有两个上口袋。女军人无裙装，也不戴无檐帽，军装式样与男装非常接近。陆军为一身橄榄绿，空军为上绿下蓝，海军为一身灰。由此，三军的制服领上衣泛称"军便服"（当年无礼服可言），最典型的军绿色成为主导的服色。

中华人民共和国成立前的十几年，交通警察冬装为蓝色大盖帽、蓝衣、蓝裤，值勤交警上衣臂部套白色的长及肩头的套袖；夏装为白色大盖帽、白衣、蓝裤。20世纪六七十年代，警察的制服也全面仿制军服：服色改为绿色，大盖帽改为圆顶布质解放帽，黑皮鞋则改为绿色胶布鞋。只是帽前依旧佩警徽，以区别于解放军的红五星军徽。

将全民着军便服推向另一个高潮的，是城市知识青年"上山下乡"运动。1964年，第一批知识青年奔赴新疆开垦荒地，参与组建新疆生产建设兵团，他们被欢送踏上远去的列车的时候，身着一身军绿色服装，有军帽但无帽徽、领章。1968年，大规模的知识青年"上山下乡"运动开始，他们奔赴农村或边远地区时，国家发的几乎全部是军绿色服装。

"全民皆兵"的另一个重要内容是民兵操练，"拉出去练一练"的模拟行军相当普及。因此，工人、知识分子和在校学生都以一身军装为荣，不穿军便服的穿蓝、灰色制服，但也戴绿军帽，背一个打成井字格的行军背包，再斜背一个军用书包和水壶，脚穿胶鞋。这种人人穿军装的时代，随着中国改革开放的到来才逐渐结束。

在20世纪70年代至80年代中后期，又出现过一段冬季流行穿军棉服的景象。每到冬季，很多人都穿一件军用棉大衣。直到

20 世纪 90 年代初期，皮衣、羽绒服等大量上市，军大衣才逐渐被人们淡忘了。

（三）多元职业装

职业装，顾名思义就是标明职业身份的服装。1978 年中国开始实行改革开放政策，代表各种职业形象的各种职业装应运而生。公安、交通管理、检察院、法院、邮政局、银行、税务、工商、民航、铁路等许多行业的工作人员的制服，都由国家按行业统一设计、制作、配发。一些无法统一着装的行业，也盛行穿着自己部门制作、发放的职业装。一些学校不仅为学生置办统一的学生装，还为教师定制了西服。

穿着制服的风气从 20 世纪 80 年代初迅速蔓延，但色彩和款式比较单一。职业装不同于规制化了的礼服，它具有显示身份、地位、权力的作用，如经理和店员职业装在款式、色彩上就有差异。通常来说，一旦某一职业的人固定以某种服饰形象出现，就容易被大家识别和认可，以致人们一想到这个职业，首先就会联想到这种职业的着装形象，或是看到某种特定的服饰形象就会马上对应到它所代表的职业。邮递员被称为"绿衣使者"，医务人员被称为"白衣天使"，服装标示着人的社会角色，社会角色丰富了职业装的文化内涵。

职业装的范围还远不止制服，外交会议、经贸谈判、办公室、科研室、学校、精密仪器车间等处的特定着装，如饭店、旅店、商店、交通行业的特色着装，再如清洁工、挡车工、搬运工等重体力劳作时的统一着装，使中国的职业装呈现出多元的样貌。

具有标识作用的职业装有助于行业或具体企业树立良好的职业形象，好的职业装甚至能产生一种品牌效应。随着企业形象设计意识的增强，无论是设计人员、服饰理论界人士，还是使用者，都认识到了职业装的重要地位和广阔前景，人们对职业装的重视程度普遍提高。

20 世纪 90 年代以来，伴随着中国进入商品经济时代，职业装有了更宽泛的定义，其个性化和时尚度也更受重视。除了已经定型的特殊行业服装外，穿衬衫、西裤，系领带似乎成了标准的上班族形象；而出席正式场合，男士西装革履的装束也已是一种符合礼仪的惯例。相比之下，职业女性的着装款式和搭配也有了更为自由的选择余地，在追求职业发展空间的同时，中国的职业女性也越来越重视自己的外表，许多媒体的话题都在强调以得体入时的装扮为自己赢得职业好感的意义。

（四）服饰与世界同步

1978 年中国实行改革开放政策，也正是从那时开始，现代意义的时装与时装文化真正进入中国普通人的日常生活。作为西方消费文化的一部分，一系列引领服饰潮流的西式时装像连绵的风悄然改变着古老的中国。从 20 世纪 70 年代末开始，中国人除了在裁缝店加工服装、已有条件购买成衣，服装加工业也随着中国改革开放的深入而迅速地发展，市场上的服装品种、花色也越来越丰富，购买者越来越信赖品牌服装所代表的品质和时尚品位。以几次大的流行趋势为例，不难看出中国人在着装方面是如何融入世界潮流的。

喇叭裤，是一种立裆短，臀部和大腿部剪裁紧贴收身，而从膝盖以下逐渐放开裤管，使之呈喇叭状的一种长裤。这种裤型源于水手服，裤管加肥用以盖住胶靴口，免得海水和冲洗甲板的水灌入靴子。与之相配的上装则是收身的弹力上衣，呈现为 A 字形的着装形象。喇叭裤最初在美国塑造了"垮掉的一代"的服饰形象，20 世纪 60 年代末至 70 年代末在世界范围内流行。中国改革开放之初，正值喇叭裤在欧美国家的流行接近尾声之际，中国的年轻人几乎一夜之间就穿起了喇叭裤，这股流行风尚传遍了全中国。与喇叭裤同时传入中国的还有太阳镜。早在 20 世纪 30 年代，中国的大城市就曾流行过戴"墨镜"，镜片以茶晶、墨晶等制成，镜面小而滚圆，时髦人物趋之若鹜。20 世纪 70 年代末，传入中国的太阳镜流行款式是"蛤蟆镜"，镜面很大，形状类似蛤蟆眼，时髦的戴法是将太阳镜架在头顶或别在胸前。许多年轻人出于一种崇洋心理，还特意保留镜面上的商标，以显示这是难得的进口货。从那以后，太阳镜的式样不断翻新，紧跟国际潮流。

牛仔装也是从 20 世纪 70 年代末传入中国的，穿着者的队伍不断壮大，从时髦青年扩展到各阶层和各年龄段的人群。20 世纪90 年代后，用牛仔布做成的服饰品种逐渐增多，出现了短裙、短裤、背心、夹克、帽子、挎包、背包等，颜色不再限于蓝色，还出现了经过水洗处理或添加了弹性的面料。20 世纪 80 年代初还流行过蝙蝠衫，这是一种两袖张开时犹如蝙蝠翅膀的样式。蝙蝠衫领型多样，袖与身为连片状，下摆紧瘦。后来演变成蝙蝠式外套、蝙蝠式大衣等款式，甚至还有蝙蝠式夹克。有趣的是，这种款式现在竟以"复古"的面貌重新出现。

20 世纪 80 年代中期以后，时装的款式越来越多，流行周期越来越短，时装的款式、面料不断推陈出新，中国已与世界潮流同步而行了。中国人的日常着装有各种 T 恤衫、拼色夹克、花格衬衣、针织衫，而穿西装扎领带已开始成为郑重场合的着装，且为大多数"白领阶层"人士所接受。下装如直筒裤、弹力裤、萝卜裤、裙裤、七分裤、裤裙、百褶裙、八片裙、西服裙、旗袍裙、太阳裙等，20 世纪 60 年代在西方诞生的"迷你裙"也在那段时间再度风行一时。

20 世纪 90 年代初，以往的套装秩序被打乱了。过去出门只可穿在外衣里的毛衣，因为样式普遍宽松，这时可以不罩外衣单穿。"内衣外穿"的着装风格，经过两三年的时间，人们对此已经见怪不怪。过去，外面如穿夹克，里面的毛衣或 T 恤衫应该短于外衣，但是年轻人忽然发现，肥大的毛衣外很难再套上一件更大的外衣，就将小夹克套在长毛衣外。本来只能在夏日穿的短袖衫，也可以罩在长袖衫外。很快，服装业开始推出成套的反常规套装，如长衣长裙外加一件身短及腰的小坎肩，或是外衣袖明显短于内衣袖。

那段时间，巴黎时装秀中出现了模特身穿太阳裙、脚蹬纱制长筒黑凉鞋的形象。太阳裙过去只在海滩上穿，上半部瘦小，肩上只有两条细带；而作为时装出现时，裙身肥大而且长及脚踝。几乎与此同时，全球时装趋势先是流行缩手装，即将衣袖加长，盖过手背；后又兴起露腰装乃至露脐装，上衣短小，腰间露出一截肌肤。这类时装也在中国流行过，但款式相对保守。而由露腰露脐引发的露肤装，倒是在中国较为广泛地流行开来。还有一种微妙的趋势：将以往袒露的手、小腿等部位遮起来，将原来遮挡的如腰、脐等部位露出来。凉鞋发展为无后帮款式，且人们光脚穿着，在脚指甲上涂色或粘贴彩花胶片，佩戴趾环。甚至连提包也采用全透明款式，于表将机械机芯充分显露出来，以此彰显现代人的开放思想。

在世纪之交的几年间，中国的时装潮流顺应国际趋势，着装风格趋向严谨。特别是白领阶层的女性格外注重展现职业女性风采，力求做到庄重大方。所谓"原始的野性"，如草帽不镶边、裤脚撕开线等，不再那么受青睐；袒露风开始在一些场合有所收敛，尽管超短裙依然流行，但为了在着装上尽力去表现女性的优雅仪态，很多年轻姑娘穿上了长及足踝的长裙。当时，一些时尚青年故意把荒诞装饰当作时髦，如仿效美国电影《最后的莫希干人》的发型，两侧剃光，仅留中间一溜，染成彩色，穿"朋克装"或将衣裤故意撕出或烧出洞。于是，在衣服上开一个艺术化的"天窗"的做法，在1998年春夏之交风行开来。这种"天窗"可随意在衣服的任何一个部位挖，但"天窗"的边缘处理得非常精致。由于这种"天窗"做法不同于以半透明质料制成的透明装，因而被大家俗称为"透视装"。进而，出现了整件衣服布满均匀网眼的服装，这种服装与巴黎时装舞台上的"渔网装"显然是同步流行的。

前几年，中国的大街小巷还流行过"泳装潮"。这里所说的泳装，当然不是商店里出售的用于水中运动的游泳衣，而是指姑娘们青睐的一种常服，因为短小性感得接近泳装而得名。想象一下，如果一个女孩上穿一件吊带露脐装，下穿一件仅及大腿根的短裙或短裤，脚蹬一双无后帮凉鞋，如果不是背着挎包，你大概会觉得她是在海边或游泳池旁，而不是在城市的大街上。

21世纪初，成年女性，包括大学生，仿佛要从服饰上寻回失去的童年似的，一下子热衷于童装风格。头上梳着娃娃发式，两鬓的发梢向脸颊勾起，头上还别着蝴蝶形或花卉形的粉红色、柠檬黄色发卡；着装忽而瘦小得可怜，忽而肥大得可爱；很多女孩子足蹬方口偏带娃娃鞋，肩上背着镶有小熊头图案的挎包；还有的大学生索性将奶嘴挂在胸前，一副长不大的样子。

2001年，小兜肚一度盛行。在戛纳电影节颁奖仪式上，某演员穿着特制的红兜肚时装，两臂间披了一条长长的红色披帛，看上去像是中国古代的仕女，引起时尚界的关注。此后，她又穿了一件不作任何修饰的菱形兜肚上装出现在某颁奖盛典上，于是很快，在各种场合、各类媒体上，一些演员和时尚女性纷纷穿起了各式兜肚。

世纪之初，时尚潮流还有一个体现在鞋上的变化。2002年，原来那种憨憨的松糕鞋已经失宠，出现了鞋头极尖且向上翘起的样式，鞋面上还镶缀着亮晶晶的饰物。而一年之后，市面上又在大卖各式仿效芭蕾舞鞋风格的圆头鞋了。

20世纪末，国际时装界青睐东方风格，东方的典雅与恬静、纯朴与神秘，开始成为全球性的时尚元素。随着中国在世界地位的提高，穿上华服已经成为海内外华人感到自豪的象征。中国女性自然而然地穿起了中式袄，很多男人也以一袭中式棉袄为时尚。

如今的华服，并不完全是纯正的中式袄褂，很多女式华服已经时装化：上身是一件印花或艳色棉布镶边立领袄，下身配牛仔裤和一双最新流行款式的皮鞋，既现代又复古。

2000年，香港电影《花样年华》在海内外上映。剧中的女主人公在幽暗的灯光下，不断变换着旗袍的颜色和款式（有二十余种之多），人们从中看到了东方美人的古典气质。剧中人穿着旗袍，美丽、优雅而略带忧伤，许多人第一次发现，中国传统的服装穿起来竟有如此神韵。借着电影的魔力，旗袍热再度升温。

也许没有人会想到，在中国举行的亚太经合组织（APEC）会议会掀起新一轮华服热。2001年秋天，在上海，当与会各国首脑身穿蓝缎、红缎、绿缎等面料的中式罩衫亮相时，全世界都轰动了。国际媒体纷纷登载了元首们着华服的合影，并撰文作有关服装评论。政治家们为华服做了一次最成功的广告，与其说中式对襟袄迷人，不如说是布什、普京等领导人身着华服所带来的巨大效应。而APEC引起华服热，还有一个潜在的基础就是蓬勃发展的中国经济。华服热所表现的是中华民族在国际舞台上发挥着日益重要的影响力。

服装面料的不断创新给中国人带来了多变的服饰形象。随着20世纪美丽新世界的开始，中国人可选择的服装面料由原来的丝绸、亚麻、棉布、动物毛皮等增加到了针织、毛纺品和各种人工合成纤维，尼龙、涤纶、莱卡等名词先后进入现代汉语词汇表。服装质地的丰富大大满足了服装造型多变的需求，而对不同面料的偏好，似乎也被越来越多的中国人视作某种生活态度的流露：环保主义者拒绝皮草和羊绒制品，休闲爱好者钟情纯棉质地，亚麻产品特有的飘逸感则被赋予了高贵神秘的意味，而丝绸则为富贵与传统的形象代言。

也正是从20世纪90年代开始，国外的著名时装品牌纷纷瞄准了中国的消费市场，在北京、上海、深圳、广州等大城市开设专卖店，中国本土的时装品牌和时装模特也逐渐引起了人们的兴趣。而早在 1988 年中国第一本引进国外版权的时装杂志的诞生，越来越多的报纸、杂志、广播、电视、网络等媒体进入到传播时尚的领域，世界最新的流行信息可以在最短的时间内传到中国，来自法国、意大利、英国、日本、韩国的时装、发式、彩妆潮流直接影响着中国的流行风，"时尚"所代表的生活方式和着装风格已为越来越多的中国人所接受和追捧。

20 世纪业已证明是迄今最具时尚意识的世纪，高销售量的服装、配饰、化妆品市场与日益强大的传媒业的发展，使越来越多的人得以走近时装、欣赏时装、以时装为美。时装已构成了大众理解并乐于投资的一种生活方式。而自改革开放以来，经过 40 多年的发展，中国已建立起规模庞大、品类齐全的服装加工体系，加工能力位居世界第一，成为服装加工大国。随着 21 世纪头十年经济的发展和加工水平的提高，中国服装业正在从加工优势转向产品贸易和品牌经营，北京、上海、香港三个国际知名的大都市及一些沿海经济发达地区的中心城市，正在成为中国乃至世界日益重要的成衣中心。

第三节　近现代服饰体态

服饰是一个时代社会发展的缩影。近现代以来，中国服饰，无论是材质、工艺、颜色还是款式，都发生了很大的变化。从文明新装到改良旗袍，从工装、军装到运动装、正装、礼服等各式服装，大家都能从中寻找到属于自己的那份岁月记忆，并感受历史的脉搏。

一、近现代的发型与体态表达

发型，作为人的形象的重要组成部分，既能展现人的个性，又能凸显自身的气质。20世纪初到当代，中国不仅有沧海桑田的历史变迁，也有一部国民发型的演变史。发型是一个时代留下的印记，亦是代表一个时代的符号。百年来，中国男性的发型演变不仅反映了各个时代的流行文化和大众审美，也映射了中国社会的发展和历史的变迁。百年来，中国男士发型一直在不断变化。

20世纪初期，男士剪掉长长的辫子，发型主要模仿西方较为先进的发型样式，换上了欧美流行的绅士分头——干净利落、短而精致。戴上银丝边的眼镜，留着小胡子的男士，看起来更显文质彬彬。为消灭各地军阀割据势力，统一全中国而进行的北伐战争爆发，有志青年以各种方式报效祖国。学生是那个时代的重要力量，他们不仅民主与自由的意识更加觉醒，而且发型更活泼——中分、心形刘海以及黑色圆框眼镜，完美塑造了当时知识分子的形象，更加适合年轻男性。

20世纪二三十年代，上海是当时东西文化交融的前沿，具有夜上海特色的油背头、圆墨镜以及两撇胡子所构成的形象成为那个时代流行的风格。抹上发胶发油、顶着锃光瓦亮的发型，留性感的八字胡，再戴上帅气的墨镜，这样的形象绝对是一个时代的标志，将上海商人、贵公子的精明形象展露无遗。

20世纪50年代初期，百废待兴，灰色的中山装在全国流行，男性的发型也变得干净利落。全国上下流行小平头，红星帽成为年轻人的标配，年轻人通常都是戴帽子下地劳作。20世纪70年代，李小龙凭借中国功夫在美国闯出一片天地，他的功夫形象风靡全球，李小龙的经典造型成为当时人们争相模仿的对象。改革开放后，欧美摇滚乐和嬉皮士的文化也传到国内，成为新的时尚潮流。一头凌乱又飘逸的长发成为广大追求时尚个性男青年的首选。同时，我国港台地区的流行文化开始风靡内地，歌手们时尚前卫的造型逐渐成为时尚青年的模仿对象，男士一头卷发在当时显得很有魅力。即将进入新世纪，人们有了更加大胆的尝试，"杀马特"造型受到很多年轻人推崇。

女性自古以来就爱美，不管是在现在这个充满了科技感的时代，还是以前生活比较节俭的年代，女性出门前都要好好打扮，发型更是重点关注的对象，以展现自己的个性和优美的体态。

20世纪初期，女性大多喜欢留中分发型，在后面绑一个辫子，卷起来，看起来比较温婉，天然去雕饰，给人一种恬静、淡雅的感觉。

20世纪20年代，女性的发型就开始有些潮流感了，那时候很多人都开始烫头发了，不过大多是将火钳烧热后再烫的，那时候的烫发一般是包在后面的，很具有时尚感。这种发型也是最经典的，即使放在现在也毫不过时，有一种复古潮流感。

20世纪30年代，女性发型没有太大的改变，只是加了刘海的设计，配上旗袍，可以更好地凸显女性高挑柔美的身材曲线。

20世纪40年代，女性妆容就比较精致了，眼妆开始变得复杂、多样，口红也比较鲜艳，发型越来越有潮流感，后面的头发不再全部束起，而是散落了一些碎发，更显凌乱美。

20世纪50年代，大家崇尚劳动人民，所以这时候的女性也纷纷按着劳动姑娘的样子打扮，头上系着纱巾，给人一种贤惠的美感。

20世纪60年代，知识青年深受欢迎，那时候的姑娘们大多很爱看书，打扮也比较偏知青风格，扎两个麻花辫，戴一顶帽子会让人看起来更有涵养。

20世纪七八十年代，烫发已经非常流行了，特别是比较蓬松的烫发，女性纷纷开始追赶潮流，展示自己的个性。

20世纪90年代，学生头十分流行，爱美的女性经常留刘海、戴发箍，给人一种青春洋溢、活泼可爱的美感。

21世纪初期，女性开始崇尚简约大方的发型，将头发梳成三七分，盘在后面，前面不留碎发，让人看起来干净、淡雅。

二、近现代的服饰与体态表达

中国近现代服饰，在款式设计上强调自由和个性化，注重服装的艺术性和创意性。20世纪初的现代主义艺术运动，反对传统审美观念，推崇简洁、实用的设计风格。服饰设计更加注重人性化和舒适性，例如女性的穿着逐渐变得宽松透气，男性的着装则从长袍转变为更为简洁的西装。在面料和配饰方面，变得丰富多彩。合成纤维的发明使得面料类型大为丰富，皮革、毛皮、丝绸、棉花等各种天然材质得到充分利用。设计师们注重服装的细节和搭配，使用流苏、珠子、花边、蕾丝等元素强调艺术性和设计感。在色彩选择方面，更加倾向于鲜艳、明快的色调。化学染料的出现让色彩选择变得丰富多彩，人们在选择色彩时多采用对比强烈的组合，以表现出青春、活力和现代感。在功能性和实用性方面，近现代服饰也更加受到重视。服饰不仅具备保暖、遮休的基本功能，还兼顾不同场合的需求，如旅游、运动、参加舞会等。职业装的出现也是近现代服饰的一大特点，特别是女性进入职场后，职业装的需求和发展更为显著。在文化影响方面，近现代服饰呈现出多元化和国际化的特点。文化交流和全球化促进了各国服饰设计的互相渗透，产生了新的时尚风格和文化元素。如中国的唐装和旗袍在国际时尚界也受到广泛关注。

女性的形象娇柔美丽，一举一动都流露着温婉娴雅的气息，令人充满遐思。然而，由于封建礼教与世俗观念的束缚，旧时女性的大部分活动都被局限在民宅内院，其生活状态显得隐约而朦胧。我们很难深入了解她们的真实生活。到了新文化运动及五四运动时期，受新思潮的影响，女性纷纷走出闺房，走向社会，实现角色转变，这对女性服饰的影响尤其明显。

新文化运动后，中国社会处于新旧交替的社会转型时期，政局动荡，西风东渐，社会发生了深刻变化，作为日常生活符号的都市女性服饰也日渐改变。都市女性服饰内容的变迁主要表现在材料、色彩及构成等方面，其服饰理念的变迁主要表现为从传统保守、繁复宽大、遮羞实用的风格，转向求新求异、美观简约的风格。都市女性服饰的变迁体现出女性观念由政治化、教条化向理性化、世俗化的转变，以及由传统思维向近代意识的嬗变。

这一时期正是中国历史上女性解放运动产生与发展的重要时期，服饰变迁的过程也从一个侧面体现了女性思想意识的逐步解放和审美理念的多样化。

"当窗理云鬓，对镜帖花黄"，梳妆打扮向来是女性日常生活中的一项重要内容。近代以来，女性通过或华丽或素雅的服饰装扮，以多样的面貌展示着各自的绰约风姿。在形式上，女性梳髻，戴各式簪钗、手镯、手串、耳环，着霞帔、云肩等。簪、钗的材质丰富，形式多样，其上多镶嵌各种珠翠宝石装饰。腕饰主要包括各式手镯、手串等，其材质用料极为广泛，所见有金、银、翡翠、玉石、玛瑙、碧玺、珊瑚、水晶、琉璃、象牙、松石、竹木多种。后期在新思想影响下，饰品品类逐渐丰富起来，包括戒指、发饰、眼镜、襟花、颈饰、手套、帽、手提包、皮鞋、扇子、阳伞等品种。不同品类的饰品在不同身份的女性身上体现出不同的特色。普通人家的女性以朴素见长，名媛则以华美取胜。

下面我们着重从旗袍这一既是传统象征，又是中国女性解放象征的的服饰入手，谈一谈其与女性体态表达的关系。

旗袍是我国传统的优雅服饰之一，以其独特的风格和精致的工艺而闻名于世。旗袍的历史可以追溯到民国时期，起初它被视为上流社会女性的代表装扮，后来逐渐普及到民间，成为大众的时尚代表，传承至今。

旗袍的特点在于其修身设计，以人体曲线为基础，突出女性的曲线感和优雅气质，能够完美地展现女性凹凸有致的身材。

旗袍的款式多样，有长袖、短袖、无袖等不同袖型，裙摆也有直筒、鱼尾、扇摆等多种形式。旗袍的面料多为丝绸、棉布等高质量材质，手工制作精细，线条流畅，色彩鲜艳。旗袍的设计元素多样，有传统的花鸟图案、山水画作，也有现代的印花、刺绣等艺术形式，展现出我国文化的博大精深和时代变迁的多样性。可以说，旗袍不仅仅是一种传统的服饰，更是一种文化的传承和表达。

20 世纪 20 年代，旗袍开始普及。其初始样式与清朝末年的旗袍样式没有多少差别。20 世纪 20 年代后期，欧美服装开始更深层次地影响中国服饰，旗袍的样式在长短、宽窄、开衩高低以及袖长袖短、领高领低等方面的改动有所反复。直到 1934 年后，高耸及耳的领子逐渐变矮，袍腰开始收缩，女性身材的曲线终于突出地显露出来。作家梁实秋在《女人》文章中说过："中国女人的袍子，变化也就够多，领子高的时候可以使她像一只长颈鹿，袖子短的时候恨不得使两腋生风，至于纽扣盘花，滚边镶绣，则更加是变幻莫测。"

民国时期改良后的旗袍，采用寸领、斜襟、琵琶扣的设计，细致勾勒出东方女性的曲线，大胆地露出女人的玉臂、小腿。那时的歌手周璇、演员胡蝶、阮玲玉，女作家张爱玲，才女林徽因等都是旗袍的热爱者，她们留下的身着旗袍的照片，于含蓄中流露出优雅、精致之美。

作家张爱玲从年轻到晚年都喜欢旗袍。据说，她每次领到稿费和奖学金，第一件事就是为自己定制一身好看的旗袍。1943年，张爱玲走上文坛时，身着"丝质碎花旗袍，色彩淡雅"。在那张著名的照片里，她身着一件墨绿色印花旗袍，高领宽袖，骄傲地抬起下颌。1995 年，张爱玲身穿一件赭红色旗袍，安静而优雅地走完一生。张爱玲的作品里也多次提到旗袍，描写了穿着不同旗袍的女子，以及她们在各自故事中所经历的起起落落的人生。

读过长篇小说《红岩》的人，都知道女主角江竹筠一生爱穿旗袍。她初次到重庆与成岗接头时，"是个安详稳重的人，不到三十岁，中等身材，衣着朴素，蓝旗袍剪裁得很合身"。牺牲前，"江姐换上了蓝色旗袍，又披起那件红色的绒线衣。她习惯地拍拍身上干净的衣服，再用手拉平旗袍上的一些褶痕"，从容地与战友告别，最后走向刑场。

中华人民共和国成立尤其是改革开放以来，人民生活水平大大提升，经过不断改进创新的旗袍受到广大女性喜爱和追捧，成为中国及世界华人女性的代表性服饰之一。普通女性在日常生活中穿着各式旗袍；在大型晚会上，很多主持人和演员也以旗袍作为重要的演出服装；许多女艺人穿着各式旗袍，频频亮相于影视作品与红毯之上，中国旗袍一次次在世界上掀起流行风尚。

旗袍的样式很多，有长旗袍、短旗袍、夹旗袍、单旗袍等。做旗袍的面料，大致分为棉、麻、毛、丝、锦、纱、绒等类别。不同面料做出的旗袍，其风格和韵味也迥然不同。比如，深色高级丝绒制作的旗袍，能显示雍容华贵的气质；用织锦缎做的旗袍，则透露出典雅迷人的东方情调；丝绸面料与旗袍更是绝配，用优质丝绸缝就的旗袍，能够演绎出东方女性特有的风情。

旗袍因女人而生，女人因旗袍而美。旗袍优雅的韵味，赢得女子的喜爱；适宜的旗袍，能够彰显女人的气质。"昨夜又梦见你在小楼，油纸伞下是谁织的锦绣。丝的细腻，绸的温柔，玉指轻捻琵琶扣。莲步轻移，云鬟垂眼眸，玲珑倩影走过春和秋。小巷背影是你锦袍半袖，淡淡相思几多愁……旗袍美人嫣红美如霞，一片绫罗尽染了芳华。杨柳弯弯斜阳又落下，西门茶香满楼画。"《旗袍美人》这首歌，唱出了旗袍与女性相得益彰的美妙情韵。

旗袍是一种独特的文化符号，它不仅体现了我国传统文化的魅力，也展现了现代时尚的魅力。穿上一袭旗袍，在自然中漫步，或是在人群中优雅地走动，都会让人感受到一种独特的美丽。

思考与练习

1. 简要阐释近现代服饰的特点、色彩与材料变化。

2. 收集资料，联系近现代的时代背景，阐释近现代服饰文化。

3. 你喜欢旗袍吗？请分析令你印象最深刻的一部电影或电视剧中穿着旗袍的女性形象特征，尤其是服饰与体态特征。

参考文献

［1］脱脱，等. 辽史［M］. 北京：中华书局，1974.

［2］脱脱，等. 宋史［M］. 北京：中华书局，1985.

［3］脱脱，等. 金史［M］. 北京：中华书局，1975.

［4］陆游. 入蜀记·老学庵笔记［M］. 上海：上海远东出版社，1996.

［5］吴曾. 能改斋漫录［M］. 上海：上海古籍出版社，1979.

［6］孟元老. 东京梦华录［M］. 郑州：中州古籍出版社，2010.

［7］赵长卿. 惜香乐府［M］. 北京：中国书店，2018.

［8］苏轼. 苏东坡诗词文精选集［M］. 李之亮，注评. 武汉：长江文艺出版社，2019.

［9］孙机. 华夏衣冠：中国古代服饰文化［M］. 上海：上海古籍出版社，2016.

［10］孙机. 中国古代物质文化［M］. 北京：中华书局，2014.

［11］孙机. 汉代物质文化资料图说［M］. 上海：上海古籍出版社，2011.

［12］孙机. 中国古舆服论丛［M］. 2版. 北京：文物出版社，2001.

［13］梅尧臣. 梅尧臣诗选［M］. 朱东润，选注. 北京：人民文学出版社，2020.

［14］王苗. 珠光翠影：中国首饰史话［M］. 北京：金城出版社，2012.

［15］马大勇. 红妆翠眉：中国女子的古典化妆、美容［M］. 重庆：重庆大学出版社，2012.

［16］沈从文. 中国古代服饰研究［M］. 北京：商务印书馆，2011.

［17］华梅. 中国服饰［M］. 北京：五洲传播出版社，2010.

［18］张志春. 中国服饰文化［M］. 3版. 北京：中国纺织出版社，2017.

［19］戴钦祥，陆钦，李亚麟. 中国服饰史话［M］. 北京：中国国际广播出版社，2021.

[20] 艺术研究中心. 中国服饰鉴赏 [M]. 北京：人民邮电出版社，2016.

[21] 傅伯星. 大宋衣冠：图说宋人服饰 [M]. 上海：上海古籍出版社，2016.

[22] 文震亨. 长物志 [M]. 胡天寿，译注. 重庆：重庆出版社，2017.